孙英杰
田　园
李　洋 / 编著

中文版

SketchUp 2022

完全实战技术手册

U0275968

清華大學出版社
北　京

内 容 简 介

全书共 13 章，按照从 BIM 建模流程设计到行业应用，由 BIM 建模知识到项目方案及表现案例的顺序进行编排，详细介绍了使用 SketchUp 2022 软件进行室内、建筑、园林景观设计的方法和技巧。

书中精心安排了几十个具有针对性的实例，不仅可以帮助读者轻松掌握软件的使用方法，应对建筑外观设计、园林景观设计、室内装修设计等实际工作的需要，更能使读者通过典型的应用实例体验真实的设计过程，从而提高工作效率。

本书结构清晰、内容翔实，可以作为高校建筑学、城市规划、环境艺术、园林景观等专业的学生学习 SketchUp 软件的专业教材，也可以作为建筑设计、园林设计、规划设计行业的从业人员的自学参考书。

图书在版编目（CIP）数据

中文版 SketchUp 2022 完全实战技术手册 / 孙英杰，田园，李洋编著 . —北京：清华大学出版社，2022.7

　　ISBN 978-7-302-61015-1

　　Ⅰ . ①中… 　Ⅱ . ①孙… ②田… ③李… 　Ⅲ . ①建筑设计－计算机辅助设计－应用软件　Ⅳ . ① TU201.4

中国版本图书馆 CIP 数据核字 (2022) 第 095501 号

责任编辑：陈绿春
封面设计：潘国文
责任校对：胡伟民
责任印制：丛怀宇

出版发行：清华大学出版社
　　　　　网　　　址：http://www.tup.com.cn，http://www.wqbook.com
　　　　　地　　　址：北京清华大学学研大厦 A 座　　　　　邮　　编：100084
　　　　　社 总 机：010-83470000　　　　　　　　　　　邮　　购：010-62786544
　　　　　投稿与读者服务：010-62776969，c-service@tup.tsinghua.edu.cn
　　　　　质 量 反 馈：010-62772015，zhiliang@tup.tsinghua.edu.cn
印 装 者：三河市铭诚印务有限公司
经　　销：全国新华书店
开　　本：188mm×260mm　　印　　张：16.25　　字　　数：530 千字
版　　次：2022 年 8 月第 1 版　　印　　次：2022 年 8 月第 1 次印刷
定　　价：99.00 元

产品编号：097214-01

前　言

SketchUp软件是直接面向设计过程开发的三维绘图软件，有一个响亮的中文名字：设计大师！SketchUp可以快速和方便地对三维创意进行创建、观察和修改。传统铅笔草图的优雅自如，现代数字科技的速度与弹性，通过SketchUp 软件得到了完美结合，此软件可以算得上是电子设计中的"铅笔"。

在实际工作中，多数设计师无法直接在电脑里进行构思并及时与业主交流，只好以手绘草图为主，原因很简单：几乎所有软件的建模速度都跟不上设计师的思路。SketchUp软件的诞生解决了这一难题，SketchUp是一款适合于设计师使用的软件，操作简单，可以让设计师专注于设计本身，并且能将设计师的设计构思和表达完美地结合起来，达到事半功倍的效果。

内容和特点

本书主要针对SketchUp 2022进行讲解，图文并茂，注重基础知识，删繁就简，贴近工程实际，把建筑设计、园林景观和室内设计等专业基础知识和软件操作技巧有机地融合到各章中。

全书共13章，按照从软件基础建模到行业应用，由基本知识到实战案例的顺序进行编排。书中包含大量实例，供读者巩固练习之用，各章主要内容介绍如下。

- 第1章：介绍SketchUp 2022的建模设计及行业应用概述。
- 第2章：介绍SketchUp 2022的文件与数据管理、模型信息与系统设置、视图操控、对象选择及标记的应用等知识。
- 第3章：介绍SketchUp的建筑模型的辅助设计功能，其主要作用是对模型进行不同的编辑操作，并以实例进行结合。SketchUp辅助设计工具包括建筑施工工具、创建与操控视图工具等。
- 第4章：讲解SketchUp模型创建与编辑，包括形状绘图、建立基本模型、组织模型、布尔运算工具、照片匹配建模、模型的柔化边线处理等。
- 第5章：介绍SketchUp中常见的建筑、园林、景观构件的设计方法，并以真实的设计图表现模型在日常生活中的应用。
- 第6章：讲解如何利用SketchUp的插件库管理器——SUAPP插件进行建筑造型和基于BIM的建筑设计。SketchUp只是一个基本建模工具，要想完成各种复杂的建模工作，还得大量使用插件程序来辅助完成各种设计。

- 第7章：介绍SketchUp在地形场景中的设计应用。
- 第8章：场景是针对渲染而言的。场景包含模型对象、环境配置、阴影效果、材质与贴图、光照及灯光效果等的渲染环境。本章将介绍场景中的阴影设置、场景的创建、场景样式及场景雾化效果等内容。
- 第9章：介绍SketchUp材质与贴图在建筑模型中的应用。材质在SketchUp中应用广泛，可以将一个普通的模型添加上丰富多彩的材质，使模型展现得更生动。
- 第10章：介绍渲染基础知识，这里主要介绍V-Ray for SketchUp 2022渲染器。
- 第11章：V-Ray渲染器能与SketchUp软件完美地结合，渲染出高质量的图片效果。本章通过几个典型的渲染案例，详细描述渲染器的渲染操作流程和图像渲染技术。
- 第12章：Lumion软件实时渲染及可视化的全景渲染与视角漫游功能，可使设计师在与甲方进行交流时充分表达其设计意图。本章将详细介绍Lumion的基本功能与实战应用。
- 第13章：通过建筑设计与室内装饰设计方案，详细讲解SketchUp软件的建模流程与效果表现。

网盘下载

下载百度网盘文件的方法如下。

（1）下载并安装百度管家客户端（如果是手机，请下载安卓版或苹果版；如果是计算机，请下载Windows版）。

（2）新用户需注册一个账号，然后登录百度网盘客户端。

（3）利用手机扫描右侧的二维码，即可进入网盘文件外链地址，将文件转存到自己的百度网盘或下载到自己的计算机。

配套素材　　　视频教学

作者信息及技术支持

本书由空军航空大学的孙英杰、田园和李洋老师编著。

如果有任何技术性的问题，请扫描下面的二维码，联系相关人员解决。感谢您选择本书，希望我们的努力对您的工作和学习有所帮助。

由于作者水平有限，书中不足和错误在所难免，恳请各位朋友和专家批评指正！

技术支持

编者

2022年5月

中文版SketchUp 2022完全实战技术手册

目 录

第1章
SketchUp 2022设计概述

本章主要介绍SketchUp 2022的基础知识、环境艺术概述以及环艺设计，带领大家快速进入SketchUp 的世界。

知识要点

- 建筑BIM与SketchUp 的关系
- 基于BIM的SketchUp 行业设计应用
- 认识SketchUp Pro 2022工作界面

1.1 建筑BIM与SketchUp 的关系

SketchUp 的开发公司@Last Software成立于2000年，规模虽小，却以SketchUp 闻名，在2006年3月15日被Google收购，所以又称为Google SketchUp 。Google收购SketchUp 是为了增强Google Earth的功能，让使用者可以利用SketchUp 建造3D模型并放入Google Earth中，使得Google Earth所呈现的地图更具立体感、更接近真实世界。使用者更可以通过一个名叫Google 3D Warehouse的网站寻找与分享各式各样利用SketchUp 建造的3D模型。截至2011年，SketchUp就构建了3000万个模型，经过多次更新，SketchUp应用呈指数级增长，且涉足多个领域，从广告到社交网络，让更多人知道了SketchUp 有这么一种技术。

SketchUp 是一套直接面向设计方案创作过程的设计工具，其创作过程不仅能够充分表达设计师的思想，而且完全能满足与客户即时交流的需要，使得设计师可以直接在电脑上进行十分直观的构思，是三维建筑设计方案创作的优秀工具。SketchUp 是一款极受欢迎并且易于使用的3D设计软件，官方网站将其比喻为电子设计中的"铅笔"。

目前Google已将SketchUp Pro出售给TrimbleNavigation了。本书介绍目前最新的SketchUp Pro 2022中文版（简称SketchUp 2022）。全新版本SketchUp 2022改进了大模型的显示速度（LayOut中的矢量渲染速度提升了10余倍），并有更强的阴影效果。

图1-1所示为用SketchUp 2022建立的大型3D建筑模型。

图1-1 大型3D建筑模型

图1-2所示为用SketchUp 2022渲染的建筑室内设计模型。

图1-2 渲染的室内设计模型

SketchUp 2022具有以下特点。

1. 一如既往的简洁操作界面

SketchUp 2022的界面一如既往地沿袭了SketchUp 的经典简洁界面，所有功能都可以通过界面菜单与工具按钮在操作界面内完成。对于初学者来说，可以很快上手；对于成熟设计师来说，不用再受软件复杂的操作束缚，而专心于设计。如图1-3所示为SketchUp 2022向导界面，如图1-4所示为操作界面。

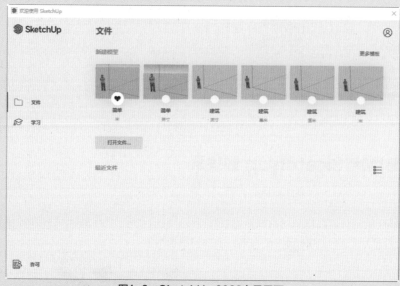

图1-3　SketchUp 2022向导界面

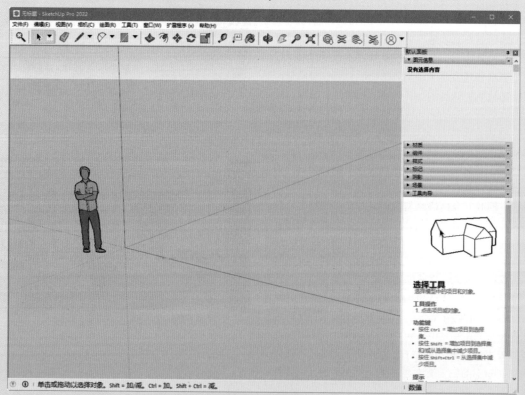

图1-4　操作界面

2.直观的显示效果

在使用SketchUp进行设计创作时,可以实现"所见即所得",即在设计过程中的任何阶段都可以以三维成品的方式展示,并能以不同的样式显示,因此,设计师在进行项目创作时,可以与客户直接进行交流。如图1-5和如图1-6所示为创作模型显示的不同样式。

图1-7 V-Ray渲染效果

图1-5 单色阴影显示样式   图1-6 阴影纹理显示样式

3.全面的软件支持与互换

SketchUp不但能在模型建立上满足建筑制图高精度的要求,还能完美地结合V-Ray、Artlantis渲染器,渲染出高质量的效果图。另外,SketchUp还能与AutoCAD、Revit、3ds Max、Piranesi等软件结合使用,快速导入和导出DWG、DXF、JPG、3DS格式文件,实现方案构思、效果图与施工图绘制的完美结合。如图1-7所示为V-Ray渲染效果,如图1-8所示为Piranesi彩绘效果。

图1-8 Piranesi彩绘效果

4.强大的推拉功能

方便的推拉功能,能让设计师将一个二维平面图快速方便地生成3D几何体,无须进行复杂的三维建模。如图1-9所示为二维平面,如图1-10所示为三维模型。

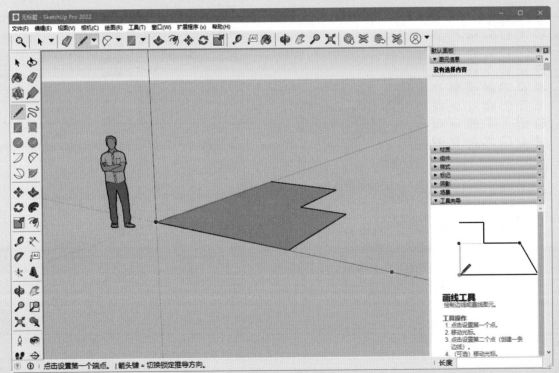
图1-9 二维平面

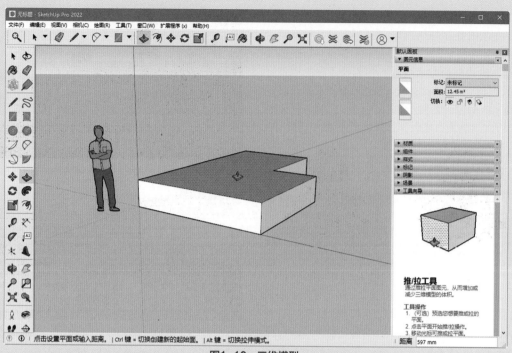

图1-10 三维模型

5.自主的二次开发功能

SketchUp 可以通过Ruby语言自主开发一些插件，全面提升SketchUp 的使用效率。如图1-11所示为建筑插件，如图1-12所示为细分／光滑插件。

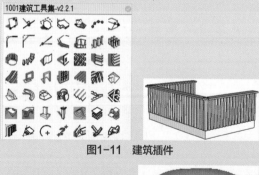

图1-11 建筑插件

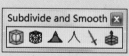

图1-12 细分／光滑插件

如图1-13所示为国内设计师使用最为广泛的SUAPP插件，里面包括所有基于BIM的建筑、室内设计等插件。

图1-13 SUAPP插件

1.1.2 SketchUp 的历史版本

SketchUp版本的更新速度很快，真正进入中国市场的版本是SketchUp 3.0。每个版本的SketchUp初始界面都会有一定变化，SketchUp 7.0、SketchUp 8.0、SketchUp 2016、SketchUp pro 2018、SketchUp pro 2019和SketchUp pro 2022的初始界面如图1-14~图1-19所示。

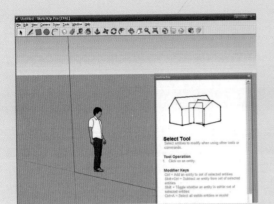

图1-14　SketchUp 7.0界面

图1-15　SketchUp 8.0界面

图1-16　SketchUp 2016界面

图1-17　SketchUp pro 2018界面

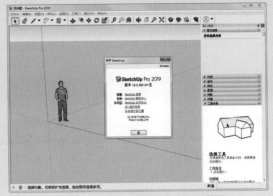

图1-18　SketchUp pro 2019界面

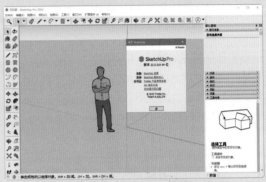

图1-19　SketchUp Pro 2022界面

1.1.3　SketchUp在BIM建筑设计中的作用

要想弄清楚BIM与SketchUp的关联关系，还得先谈谈BIM与项目生命周期的关系。

1. 项目类型及BIM实施

从广义上讲，建筑环境产业可以分为两大类项目：房地产项目和基础设施项目。

有些业内说法也将这两个项目称为"建筑项目"和"非建筑项目"。在目前可查阅到的大量文献及指南文件中显示，文件资料的BIM信息记录在今天已经取得了极大进步，与基础设施项目相比，房地产项目得到了更好的理解和应用。McGraw Hill公司的一份名为"BIM对基础设施的商业价值——利用协作和技术解决美国的基础设施问题"的报告将房地产项目上应用的BIM称为"立式BIM"，将基础设施项目上应用的BIM称为"水平BIM"和"土木工程BIM（CIM）或者重型BIM"。

许多组织可能既从事建筑项目也从事非建筑项目，关键是要理解项目层面的BIM实施在这两种情况中的微妙差异。例如，在基础设施项目的初始阶段需要收集和理解的信息范围可能在很大程度上都与房地产开发项目相似。并且，基础设施项目的现有条件、邻近资产的限制、地形，以及监管要求等也可能与建筑项目极其相似。因此，在一个基础设施项目的初始阶段，地理信息系统（GIS）资料以及BIM的应用可能更加重要。

建筑项目与非建筑项目的项目团队结构以及生命周期各阶段可能也存在差异（在命名惯例和相关工作布置方面），项目层面的BIM实施始终与其"以模型为中心"的核心主题及信息、合作及团队整合的重要性保持一致。

2.BIM与项目生命周期

实际经验已经充分表明，仅在项目的早期阶段应用BIM将会限制发挥其效力，而不会提供企业寻求的投资回报。如图1-20所示是BIM在一个建筑项目的整个生命周期中的应用。重要的是，项目团队中负责交付各种类别、各种规模项目的专业人士应理解"从摇篮到摇篮"的项目周期各阶段的BIM过程。理解BIM在"新建不动产或者保留的不动产"之间的交叉应用也非常重要。

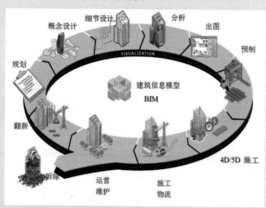

图1-20 项目生命周期各阶段以及BIM应用

3.SketchUp 在建筑施工中的作用

SketchUp 软件作为众多BIM软件中的一款，被很多承包单位应用到投标、施工交底等工作中，并逐渐展现出其巨大的应用价值。SketchUp 软件应用在建筑施工中有以下优势。

（1）与建筑专业软件有极好的兼容性。

SketchUp 软件的导入导出功能使其具备了与AutoCAD等专业软件极好的兼容性，用户通过推拉命令能够快速将二维平面图纸转换为三维建筑模型，使抽象图形具象化。

（2）操作简单，对电脑要求较低。

与revit、3ds Max等众多绘制三维建筑模型的软件相比，SketchUp 软件界面清晰简洁，"推拉平面成体"的建模方式更加容易被用户掌握。SketchUp另一大优势是对电脑配置要求相对较低，流畅的运行速度能够给予用户愉悦的使用心情。

（3）拥有众多插件。

SketchUp 软件拥有众多插件，其中关于CAD封面的插件，可以轻松解决不规范 CAD图纸成面的问题，大大减少建立三维建筑模型所需的时间。

（4）虚拟施工，发现图纸问题。

SketchUp 软件的建模可以精确到建筑物的每一个构件，通过将二维建筑平面图转换为三维建筑模型，可以完成虚拟施工的各道工序，真正做到将大楼在图纸上建造起来。这种虚拟施工的好处在于，用户可以通过"预先施工"，更加熟悉施工图纸，同时可以提前发现一些设计中存在的问题，及时将这些问题反馈给设计院，更加有利于工程的开展。

（5）增加方案对施工的指导作用。

在施工方案中插入SketchUp 软件建立的三维模型，可以更直观地展现出施工标准做法，增加方案对现场施工的指导作用。

（6）降低工程成本。

通过建立的三维模型，SketchUp 软件可以精确计算出防水工程、脚手架工程、模板工程、砌筑工程等众多分部分项工程的材料用量，使材料采购有所依据，避免少量或超量采购，从而达到降低工程成本的作用。

4.SketchUp 在BIM项目生命周期中的使用

从图1-20中可以看出，整个项目生命周期中每一个阶段差不多都需要某一种软件手段辅助实施。

可以理解为BIM是一个项目的完整设计与实施理念，而SketchUp 是其中应用最为广泛的一种辅助工具。下面对如何通过SketchUp 软件指导现场施工、降低工程成本进行详细阐述。

（1）将楼层 CAD图纸导入SketchUp 软件，通过推拉命令构建楼层的三维建筑模型，在模型中留出墙体位置。

（2）根据方案所选砌砖规格，编辑相应规格的长方体（为方便建模，可在编辑"砌砖"时考虑灰缝厚度；若想计算砌筑时砂浆用量，可单独构建灰缝模型），将其转换为组件，按照砌砖规格给组件命名。根据图纸编辑预制梁、马牙槎、拉结筋等砌筑所需构件，按规格命名，并将其转换成组件。

（3）根据规范进行"砌筑"。"砌筑"时要特别注意门窗洞口、厨房卫生间墙底以及墙顶部等部位的特殊形式。砌筑完成后为每一面墙体编号，这样可以使砌筑工人迅速找到要施工墙体的砌筑模型。工人参照三维砌筑模型施工，可以使砌筑更加规范，墙体更加美观。通过这种"虚拟砌筑"，可以预先确定砌砖的最优组合，充分利用半砖砌筑，达到节省砌筑材料的效果。

通过SketchUp软件的实体信息功能，可以清楚地看到选定组件在整个砌筑模型中的个数，从而精确统计出各种砌筑材料用量。物资部参考统计的数据编制材料采购计划，能够使材料采购更加科学合理，避免超量采购，达到控制材料成本的作用。

现场单个结构层砌筑工作完成，物资部将各类材料实际用量与模型中材料用量进行对比，能够计算出本层材料的耗损情况，记录材料耗损率，同时分析可能导致材料耗损的原因。针对分析结果制定相应解决措施，将制定的解决措施应用到下层砌筑过程中。在完成下层砌筑后，采用同样方式计算该层材料耗损率，将其与上层耗损率对比，通过比较耗损率是否减少可以知道采取的解决措施是否有效。整个砌筑过程中循环采用该方法，不断调整解决措施，最终可以找到最优解决方案，做到材料耗损最小化和成本控制最大化。这种由不断实践总结出来的解决措施可行性很大，对企业其他项目有极高的参考价值，可谓一举多得。

1.2 基于BIM的SketchUp行业设计应用

SketchUp是一款直观面向设计师，注重设计创作过程的软件，全球很多建筑工程企业和大学几乎都使用此软件来进行创作。SketchUp与建筑和环艺设计紧密联系，使原本单一的设计变得丰富多彩，能产生很多意想不到的设计效果。如在建筑设计、城市规划、室内设计、景观设计、园林设计中，SketchUp都体现出不可替代的作用。

1.2.1 建筑设计

建筑设计，指在建筑物建造之前，设计者按照建设任务，把施工过程中存在的或可能发生的问题，事先做好设想，拟定好解决这些问题的办法、方案，用图纸和文件表达出来，并使建成的建筑物能充分满足广大使用者和社会所期望的各种要求。总之，建筑设计是一种需要有预见性的工作，要预见到可能发生的各种问题。

SketchUp主要运用在建筑设计的方案阶段，在这个阶段需要建立一个大致模型，然后通过这个模型构建建筑体量、尺度、材质、空间等细节。

如图1-21和图1-22所示为利用SketchUp建立的建筑模型。

图1-21 建筑模型1

图1-22 建筑模型2

1.2.2 城市规划

城市规划，指研究城市的未来发展、城市的合理布局和综合安排城市各项工程建设的综合部署，是一定时期内城市发展的蓝图。SketchUp可以设置特定的经纬度和时间，模拟出城市规划中的环境，场景配置，并赋予环境真实的日照效果。

如图1-23和图1-24所示为利用SketchUp建立的规划模型。

图1-23 规划模型1　　图1-24 规划模型2

1.2.3 室内设计

室内设计，指为满足一定的建造目的而进行的准备工作，对现有的建筑物内部空间进行深加工的增值准备工作，从而创造功能合理、舒适优美、满足人们物质和精神生活需要的室内环境。

SketchUp在室内设计中的应用范围越来越广，能快速制作出室内三维效果图，如室内场景、室内家具建模等。

如图1-25和图1-26所示为利用SketchUp建立的室内设计模型。

图1-25　室内设计模型1

图1-28　景观模型2

图1-26　室内设计模型2

1.2.4　景观设计

　　景观设计是一门建立在广泛的自然科学和人文与艺术学科基础上的应用学科，主要是指对土地及土地上的空间和物体的设计，把人类向往的大自然表现出来。

　　SketchUp 在景观设计中，不仅有构建地形高差方面直观的效果，而且有大量丰富的景观素材和材质库，在该领域应用最为普遍。

　　如图1-27和图1-28所示为利用SketchUp 创建的景观模型。

1.2.5　园林设计

　　园林设计是一门研究如何应用艺术和技术手段处理自然、建筑和人类活动之间复杂关系，达到和谐完美、生态良好、景色如画之境界的一门学科。园林设计范围很广，包括庭园、宅园、小游园、花园、公园以及城市街区等，其中公园设计内容比较全面，具有园林设计的典型性。

　　SketchUp 在园林设计中起到非常有价值的作用，可以为设计师提供大量丰富的组件，在一定程度上提高了设计的工作效率和成果质量。

　　如图1-29和图1-30所示为利用SketchUp 创建的园林模型。

图1-29　园林模型1

图1-27　景观模型1

图1-30　园林模型2

1.3 认识SketchUp Pro 2022工作界面

SketchUp 软件的操作界面简洁明了，就算不是专业设计方面的人都能轻易上手，极受设计师欢迎，在当今社会中，无论是大学校园、设计院、设计公司，80%的人都使用这款软件。

1.3.1 打开SketchUp工作界面

完成软件正版授权后，即可使用授权的SketchUp Pro 2022了，否则仅能使用具有一定期限的试用版。

启动获得授权许可的SketchUp Pro 2022，首先弹出的是SketchUp 的欢迎界面窗口。在欢迎界面窗口中选择"建筑-毫米"模板（也可选择通用模板"简单-米"），如图1-31所示，即可打开SketchUp Pro 2022工作界面。

> ◎提示·◦
>
> 欢迎界面窗口是默认启动软件程序时自动显示的。可以在SketchUp 工作界面中重新开启欢迎界面窗口的显示，如在菜单栏中执行【帮助】|【欢迎使用SketchUp 】命令，会再次弹出该窗口。

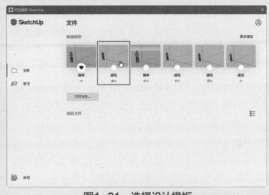

图1-31 选择设计模板

如图1-32所示为SketchUp Pro 2022工作界面。

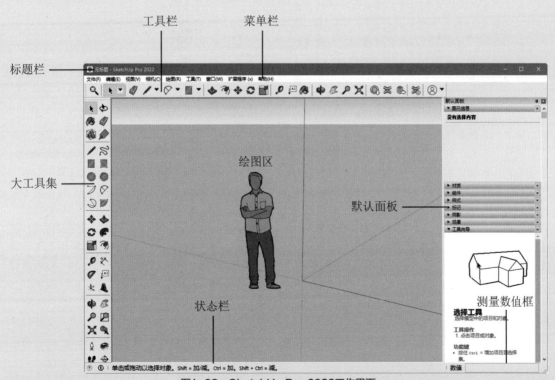

图1-32 SketchUp Pro 2022工作界面

1.3.2 工作界面介绍

工作界面主要是指绘图窗口,主要由标题栏、菜单栏、工具栏、绘图区、状态栏、大工具集、默认面板和测量数值框组成。

- 标题栏——在绘图窗口的顶部,右边是最小化、最大化关闭按钮,左边为无标题SketchUp,说明当前文件还没有进行保存。
- 菜单栏——在标题栏的下面,默认菜单包括文件、编辑、视图、相机、绘图、工具、窗口、扩展程序和帮助。
- 工具栏——在菜单栏的下面,左边是标准工具栏,包括新建,打开,保存,剪切等,右边属于自选工具,可以根据需要自由设置添加。
- 绘图区——是创建模型的区域,绘图区的3D空间通过绘图轴标识别,绘图轴是三条互相垂直且带有颜色的直线。
- 状态栏——位于绘图区左下方,左端是命令提示和SketchUp的状态信息,这些信息会随着绘制的模型而改变,主要是对命令的描述。
- 测量数值框——位于绘图区右下方,测量数值框可以显示绘图中的尺寸信息,也可以输入相应的数值。
- 大工具集:大工具集中放置建模时所需的其他工具。例如在菜单栏中执行【视图】|【工具栏】命令,打开【工具栏】对话框,勾选建模所需的【大工具集】工具栏,再单击【确定】按钮即可添加所需工具栏。【大工具集】工具栏将在视图窗口的左侧停靠。
- 默认面板:默认面板在绘图区右侧停靠,是用来显示各种属性卷展栏的展示区域。默认面板也叫"属性面板"。SketchUp 中场景和模型对象的属性设置包括图元信息、材质、组件、样式、标记、阴影及场景等。

SketchUp 菜单栏主要是对模型文件的所有基本操作命令,包括【文件】菜单、【编辑】菜单、【视图】菜单、【相机】菜单、【绘图】菜单、【工具】菜单、【窗口】菜单和【帮助】菜单等。

（1）【文件】菜单。

【文件】菜单中的菜单命令主要是执行一些基本操作,如图1-33所示。除常用的新建、打开、保存、另存为命令外,还有在Google地球中预览、地理位置、3D Warehouse、导入与导出命令。

- 新建:执行【新建】命令即可创建名为"标题-SketchUp"的新文件。

- 打开:执行【打开】命令,弹出【打开】对话框,如图1-34所示,单击想打开的文件,呈蓝色选中状态,单击【打开】按钮即可。

图1-33 【文件】菜单

图1-34 打开SketchUp 模型文件

- 保存:执行【文件】|【保存】|【另存为】命令,将当前文件进行保存。
- 另存为模板:是指按自己意愿设计模板进行保存,以方便每次启动程序时选择自己设计的模板,而不用选择默认模板。如图1-35所示为【另存为模板】对话框。
- 发送到LayOut:SketchUp Pro 2022发布了增强布局的LayOut 2022功能,执行该命令可以将场景模型发送到Lay Out中进行图纸布局与标注等操作。
- 地理位置:给当前模型添加地理位置,再选择在Google地球中预览模型,如图1-36所示。

中文版SketchUp 2022完全实战技术手册

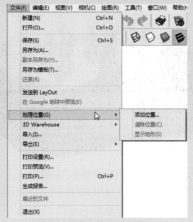

图1-35 另存为模板

图1-38 导入其他格式文件

图1-36 添加地理位置

- 3D Warehouse（模型库）：执行【获取模型】命令，可以在Google官网在线获取需要的模型，然后直接下载到场景中，这对于设计者来说非常方便；执行【共享模型】命令，可以在Google官网注册一个账号，将自己的模型上传，与全球用户共享。执行【分享组件】命令，可以将用户创建的组件模型上传到网络与其他用户分享。如图1-37所示为获取3D模型的网页界面。

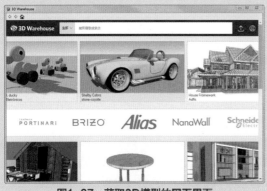

图1-37 获取3D模型的网页界面

- 导入：SketchUp 可以导入*.dwg格式的 CAD图形文件，*.3ds格式的三维模型文件，及*.jpg，*.bmp，*.psd等格式的文件，如图1-38所示。
- 导出：SketchUp 可以导出三维模型、二维图形、剖面、动画几种效果，如图1-39所示。

图1-39 导出文件

（2）【编辑】菜单

【编辑】菜单中的编辑命令主要用于对模型进行编辑操作，如常用的复制、粘贴、剪切、还原和重做等基础编辑命令，及锁定、创建组件、创建组等SketchUp 特有的编辑命令，如图1-40所示。

（3）【视图】菜单

【视图】菜单中的命令主要用于视图窗口中的各元素显示和工具栏的开启，包括工具栏和场景标签的开启，以及控制几何图形、截面、截面切割、轴、导向器、阴影、雾化、边线样式、正面样式、组件编辑、动画等元素的显示与隐藏，如图1-41所示。

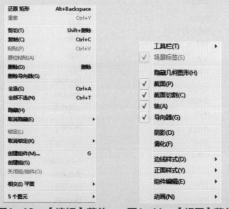

图1-40 【编辑】菜单　　　图1-41 【视图】菜单

（4）【相机】菜单

【相机】菜单中的命令包括用于模型操控和模型观察视点的常规命令，如图1-42所示。

（5）【绘图】菜单

【绘图】菜单中包含用于建模的基本工具指令，如线条、圆弧、徒手画、矩形、圆、多边形命令等，如图1-43所示。

（6）【工具】菜单

【工具】菜单中包含几何对象的变换操作、对象选择、对象测量等基本工具指令，如图1-44所示。

（7）【窗口】菜单

【窗口】菜单主要用于查看绘图窗口中的模型情况，如图1-45所示。

上一个(R)	
下一个(X)	
标准视图(S)	▶
平行投影(A)	
✓ 透视图(E)	
两点透视图(T)	
新建照片匹配...	
编辑照片匹配	▶
环绕观察(O)	O
平移(P)	H
缩放(Z)	Z
视角(F)	
缩放窗口(W)	Ctrl+Shift+W
缩放范围(E)	Ctrl+Shift+E
背景充满视窗(H)	
定位相机(M)	
漫游(W)	
绕轴旋转(L)	
预览匹配照片(I)	I

图1-42 【相机】菜单

线条(L)	L
圆弧(A)	A
徒手画(F)	
矩形(R)	R
圆(C)	C
多边形(G)	
沙盒	▶

图1-43 【绘图】菜单

✓ 选择(S)	空格
橡皮擦(E)	E
颜料桶(O)	B
移动(M)	M
旋转(T)	Q
调整大小(C)	S
推/拉(P)	P
跟随路径(F)	
偏移(F)	F
外壳	
实体工具	▶
卷尺(M)	T
量角器(O)	
轴(X)	
尺寸(D)	
文本(T)	
三维文本(3)	
截平面(N)	
互动	
沙盒	▶

图1-44 【工具】菜单

模型信息	
图元信息	
材质	
组件	
样式	
图层	
大纲	
场景	
阴影	
雾化	
照片匹配	
柔化边线	
工具向导	
使用偏好	
隐藏对话框	
Ruby 控制台	
组件选项	
组件属性	
照片纹理	

图1-45 【窗口】菜单

1.4 入门案例——园林景观亭的设计

本节以一个园林景观亭的制作案例，带读者进入SketchUp的世界，通过这个简单的建模案例，即便是初学者，也能根据操作步骤顺利完成这个案例，并能快速熟悉SketchUp的基本建模工具。如图1-46所示为园林景观亭的效果图。

图1-46 园林景观亭的效果图

结果文件：\Ch01\园林景观亭.skp

视频文件：\Ch01\园林景观亭.MP4

01 启动SketchUp 2022，选择"建筑-毫米"模板，进入工作界面。

02 在大工具集中单击【多边形】按钮●，在测量数值框中输入8并按Enter键确认，然后在坐标系原点处单击放置八边形，接着再在测量数值框中输入内切圆半径2500并按Enter键，完成八边形封闭面的创建，如图1-47所示。

◎提示•◎

也可先放置默认的正五边形，使用Ctrl++组合键增加多边形的边数，使用Ctrl+-组合键减少多边形的边数，按一次就增加（减少）一条边。另外，本书中所有尺寸单位均默认为mm。

03 在【视图】工具栏中单击【右视图】按钮🔲，切换到右视图。在大工具集中单击【两点圆弧】按钮⌀，依次绘制连续相切的圆弧，第1条圆弧弧长1500、弧高300，第2条弧长1500、弧高提高至与第1条圆弧相切即可，第3条圆弧弧长1500、弧高提高至与第2条圆弧相切即可，如图1-48~图1-50所示。

◎提示•◎

如果界面中没有常见的工具栏，可在工具栏区域右击，在弹出的快捷菜单中选择要显示的工具栏即可。

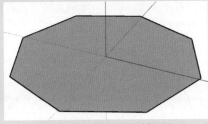

图1-47 创建八边形封闭面

图1-48 绘制圆弧1

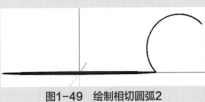

图1-49 绘制相切圆弧2

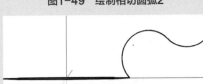

图1-50 绘制反向相切弧3

04 继续绘制切线弧，第3条切线弧先以切线反方向拖动弧长到红色轴线上，弧高为400。第5条不是切线弧，其弧长600、弧高150。第6条圆弧分别与两端圆弧相切，直至最后形成封闭的多边形面，如图1-51~图1-53所示。

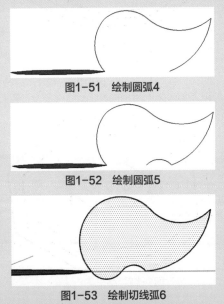

图1-51 绘制圆弧4

图1-52 绘制圆弧5

图1-53 绘制切线弧6

05 先选中八边形封闭面，再单击大工具集中的【跟随路径】按钮，接着选择上一步骤完成的封闭多边形面，系统自动创建路径跟随曲面（即扫掠曲面），如图1-54所示。

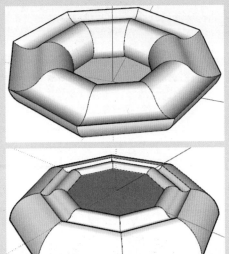

图1-54 创建的扫掠曲面

06 在大工具集中单击【推/拉】按钮，选取八边形封闭面，往上拉出1500的距离，生成八边形柱体，如图1-55所示。

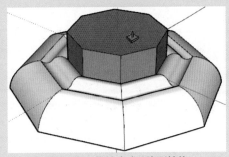

图1-55 推拉生成八边形柱体

07 在大工具集中单击【缩放】按钮，选择八边形柱体的顶面，进行自由缩放（按住Ctrl键可以对称缩放），缩放比例为0.2，结果如图1-56所示。

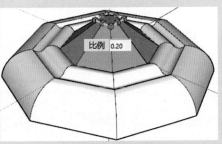

图1-56 缩放八边形柱体顶面

08 在大工具集中单击【圆】按钮●，然后在八边形柱体的顶面绘制两个相互垂直的圆形面，半径为850，如图1-57所示。

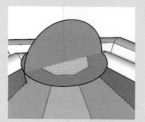

图1-57　绘制两个相互垂直的圆形面

09 再利用【路径跟随】工具●，选取其中一个圆面作为路径参考，接着选取另一个圆面作为截面，创建出球体。最后将圆球往上移动，如图1-58所示。

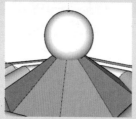

图1-58　创建球体

10 在大工具集中单击【直线】按钮✎，指定直线起点和终点后，系统会自动绘制出八边形封闭面，如图1-59所示。

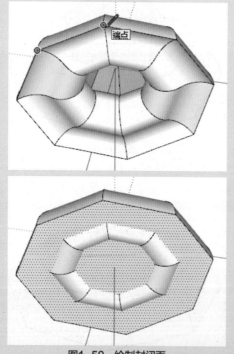

图1-59　绘制封闭面

11 单击【偏移】按钮◎，选取上一步骤绘制的八

边形封闭面作为偏移参考，偏移距离为700，创建出偏移复制面，如图1-60所示。

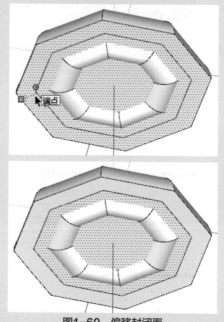

图1-60　偏移封闭面

12 将偏移复制的面删除，留下边线，结果如图1-61所示。

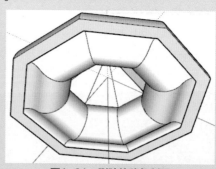

图1-61　删除偏移复制面

13 单击【圆】按钮●，绘制半径为300的多个圆面，如图1-62所示。然后单击【推/拉】按钮♣，往下拉出5000的距离生成圆柱，如图1-63所示。

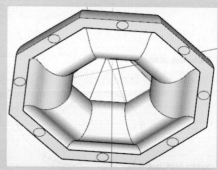

图1-62　绘制多个圆面

图1-63 推拉出圆柱

⓮ 选中所有的形状，在大工具集中单击【制作组件】按钮🔲，创建组件。

⓯ 单击【直线】按钮✏️，从原点往下绘制长度为6500的直线，如图1-64所示。

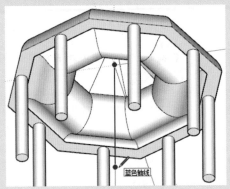

图1-64 绘制直线

⓰ 单击【圆】按钮⚫，在直线端点处绘制半径为7455的圆面作为亭子的地板，如图1-65所示。

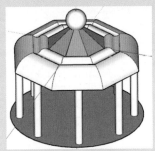

图1-65 绘制圆面

⓱ 单击【偏移】按钮🔲，向外偏移复制出距离为1000的大圆面，如图1-66所示。

图1-66 偏移复制大圆面

⓲ 单击【推/拉】按钮🔲，先将小圆面往上拉出300距离的台阶，接着将大圆面往下拉出300距离的台阶，如图1-67所示。

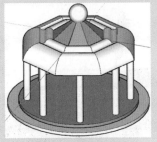

图1-67 推拉出台阶

⓳ 单击【轴】按钮🔲，将轴放置在大圆面的中心。单击【矩形】按钮🔲绘制一个大矩形，接着单击【推/拉】按钮🔲，往下推拉出一个矩形草坪，如图1-68所示。

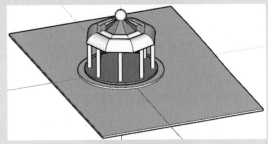

图1-68 创建矩形草坪

⓴ 在绘图区右侧的【材质】卷展栏中，在【园林绿化、地被层和植被】材质库中选择【人造草被】材质，如图1-69所示。

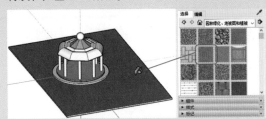

图1-69 填充人造草被材质

㉑ 同理，再选择其他材质赋给台阶、亭子等对象，如图1-70所示。

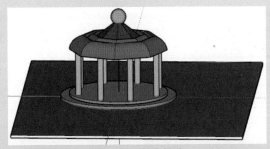

图1-70 填充材质

㉒ 在菜单栏执行【文件】|【导入】命令，在本例源文件中依次导入人物和植物组件到当前场景中，如图1-71所示。

图1-71　导入人物及植物组件

㉓ 使用Ctrl+C和Ctrl+V组合键将组件进行复制，单击【移动】按钮✥和【缩放】按钮▣，复制出多个植物组件，并按照一定比例进行缩放，缩放后平移到合适位置放置。最终创建完成的园林景观亭效果如图1-72所示。

图1-72　最终完成的园林景观亭

㉔ 在菜单栏中执行【窗口】|【默认面板】|【场景】命令，显示【场景】卷展栏。在【场景】卷展栏中单击【添加场景】按钮⊕，为园林景观亭创建"场景号1"的场景，如图1-73所示。

图1-73　创建场景

中文版SketchUp 2022完全实战技术手册

第2章
踏出SketchUp 2022的第一步

如何踏出学习SketchUp 2022的第一步，是本章主要介绍的基本内容。包括文件与数据管理、模型信息与系统设置、视图操作、对象选择及图层工具等。

知 识 要 点

- 文件与数据的管理
- 模型信息与系统设置
- 视图的操控
- 对象的选择方法
- 标记的应用

2.1 文件与数据的管理

对于初次使用SketchUp 软件的用户来说，如何构建合理的绘图环境、如何导入或导出数据文件、如何获取外部数据及模型是相当重要的操作，这些操作都是能帮助用户成为优秀设计师的先决条件。

2.1.1 模板的选择

SketchUp 模板指的就是包含了完整图形信息的模型文件，文件中包含许多信息，如图层、页面视图、尺寸标注及文字、单位、地理位置信息、动画设置、统计信息、文件设置、渲染设置及组件设置等。

启动软件程序后，会弹出【欢迎使用SketchUp】的对话框，又称为"用户欢迎界面"，通过此对话框可以进行软件学习、软件许可证的购买和模板文件的选择。单击【更多模板】按钮，会展开SketchUp 的所有模板。

SketchUp 的模板包括简单模板、建筑设计模板、施工设计模板、城市规划设计模板、景观建筑设计模板、木工设计模板、室内和产品设计模板及3D打印模板。如图2-1所示为常用的建筑模板和设计模板。

做什么样的项目设计就选择对应的模板，否则任意选择一个模板后进入工作界面，必须重新进行模型信息的更改及系统配置，以便符合项目设计要求。

如果进入工作界面后，再想重新选择模板时该怎么办呢？此时需要在菜单栏中执行【帮助】|【欢迎使用SketchUp 】命令，即可再次打开【欢迎使用SketchUp 】对话框。

图2-1 选择模板文件

合理选择模板后，如果要重新创建一个文件，在菜单栏中执行【文件】|【新建】命令即可，新建的模型文件中所包含的图形信息会延续用户在欢迎窗口中所选模板的信息。

用户完成模型后，可以将当前的模型文件保存为模板，供后续工作时调取使用。

2.1.2 文件的打开/保存与导入/导出

当需要打开以往的SketchUp 文件时，可以在菜单栏中执行【文件】|【打开】命令，通过弹出的【打开】对话框找到模型文件存储的路径，即可打开所需的SketchUp 模型，如图2-2所示。这里仅能打开skp格式文件，而其他的格式文件需要导入，而不是从这里打开。

图2-2 打开SketchUp模型文件

其他格式文件（其他二维及三维软件生成的文件）可以通过执行【文件】|【导入】命令，弹出【导入】对话框，在对话框右下角的文件类型列表中选择一种文件格式，即可将其他软件生成的文件导入当前的工作场景中，如图2-3所示。这样的导入称之为"数据转换"。如果在导入文件的类型列表中没有要打开文件的格式，也可以在其他软件中导出为SketchUp能导入的文件格式类型。总之，文件数据的转换方式是多种多样的，这也为BIM建筑项目设计创造了良好的条件。

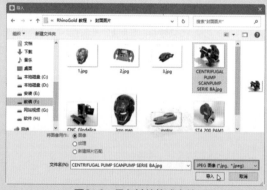

图2-3 导入其他格式文件

同理，完成模型的创建后，在菜单栏执行【文件】|【另存为】命令，可以将文件保存为2022版本或2022以前的旧版本文件。

有时为了能够在其他三维软件中打开SketchUp模型，可对文件数据进行转换，此时可执行【文件】|【导出】命令，将SketchUp模型导出为其他三维软件格式或二维软件格式。

2.1.3 获取与共享模型

SketchUp为用户提供免费的3D模型库——3D Warehouse，3D Warehouse是世界上最大的免费3D模型资源库。任何人都可以使用3D Warehouse来存储和分享模型。

3D Warehouse分网页版和SketchUp客户端。网页版的网址是https：//3D Warehouse.SketchUp.com，如图2-4所示。

图2-4 3D Warehouse网页版

3D Warehouse的SketchUp客户端可以在菜单栏中执行【窗口】|【3D Warehouse】命令来打开，3D Warehouse客户端界面如图2-5所示。

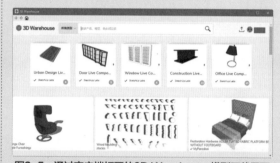

图2-5 通过客户端打开的3D Warehouse模型下载界面

要使用3D Warehouse模型库，必须注册一个账号。3D Warehouse模型库中的模型种类繁多，包括各行各业的专业模型。SketchUp软件与BIM其他软件的联系，可以通过3D Warehouse模型库来传达模型信息。例如，3D Warehouse可以安装在Revit中使用，也可以安装在AutoCAD软件中使用，然后将3D Warehouse模型库中的skp模型下载并导入Revit或AutoCAD中，随即完成模型数据的转换。在其他BIM软件中要使用3D Warehouse模型库插件，可以到Autodesk App Store应用商店中（https：//apps.autodesk.com/zh-CN）去搜索下载。

当用户想把自己的模型通过网络共享给其他设计师时，需要先保存当前模型文件，然后执行【文件】|【3D Warehouse】|【共享模型】命令，弹出【3D Warehouse】窗口，输入模型文件的标题及说明后，单击【下载】按钮，即可完成模型的共享，如图2-6所示。

图2-6 共享模型

2.2 模型信息与系统设置

如果在欢迎界面窗口中选错了模板文件，用户还可以通过设置模型信息和系统配置来满足自己的项目设计要求。

2.2.1 模型信息设置

SketchUp 模型信息设置，主要是用于显示或者修改模型信息，包括版权信息、尺寸、单位、地理位置、动画、分类、统计信息、文本、文件、渲染、组件11个选项。

在菜单栏中执行【窗口】|【模型信息】命令，弹出【模型信息】对话框。左侧选项的作用解释如下。

■ 版权信息：显示当前模型的作者和组件作者，如图2-7所示。

图2-7 版权信息

■ 尺寸：主要用于设置模型尺寸、文字大小、字体样式、颜色、文字标注引线等，如图2-8所示。

图2-8 尺寸

■ 单位：主要用于设置文件默认的绘图单位和角度单位，如图2-9所示。

图2-9 单位

■ 地理位置：主要用于设置模型所处地理位置和太阳方位，如图2-10所示。

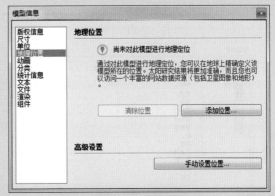

图2-10 地理位置

■ 动画：主要用于设置"场景动画"转换时间和延迟时间，如图2-11所示。

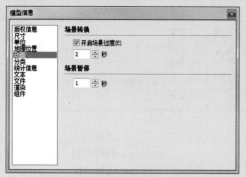

图2-11 动画

■ 分类：如果在SketchUp中对数据进行分类，可以使用BIM软件创建外观逼真的模型，其中就包含了所有需要组装的对象的实用数据。如果选择的是英制模板创建模型，可以使用默认的IFC分类系统；如果是公制，则需要导入创建的SKC分类文件，如图2-12所示。

图2-12 分类

■ 统计信息：用于统计当前模型的边线、面、组件等一系列的数，如图2-13所示。

图2-13 统计信息

■ 文本：用于设置屏幕文字、引线文字、引线，如图2-14所示。

■ 文件：用于显示当前文件的存储位置，使用版本等。

■ 渲染：提高渲染质量，消除锯齿，如图2-15所示。

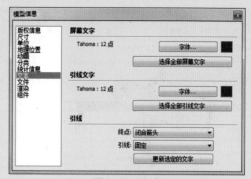

图2-14 文本

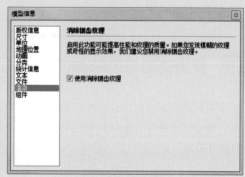

图2-15 渲染

■ 组件：可以控制相似组件或其他模型的显隐效果，如图2-16所示。

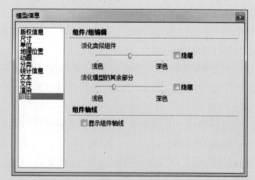

图2-16 组件

2.2.2 系统设置

在菜单栏中执行【窗口】|【系统设置】命令，弹出【SketchUp系统设置】对话框，各选项设置解释如下。

■ OpenGL设置：用于设置用户电脑显卡的图形处理能力，如图2-17所示。一般设置为"4x"，如果觉得显示效果不好，可以设置到"16x"。但设置得越高，对电脑性能要求就越高，特别是做场景比较大的模型时可能会"卡"。

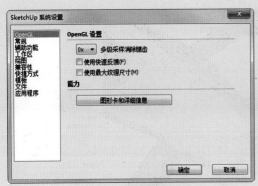

图2-17 OpenGL设置

■ 常规：常规设置包括了文件保存设置、模型检查、场景和样式、软件更新等，如图2-18所示。

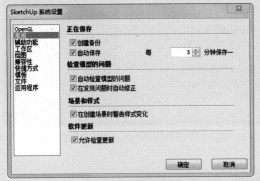

图2-18 常规设置

■ 辅助功能：用于设置界面中各元素的颜色，如图2-19所示。

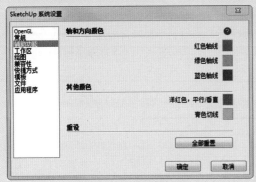

图2-19 辅助功能设置

■ 工作区：设置软件图标的大小及界面布局等，如图2-20所示。
■ 绘图：设置绘图时鼠标使用功能及是否显示绘图十字线等，如图2-21所示。
■ 兼容性：设置鼠标滚轮方向在视图缩放中的作用，如图2-22所示。
■ 快捷方式：用于设置建模及视图操控时的快捷键，如图2-23所示。

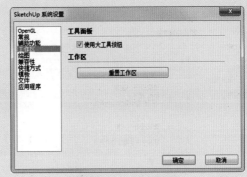

图2-20 工作区设置

图2-21 绘图设置

图2-22 兼容性设置

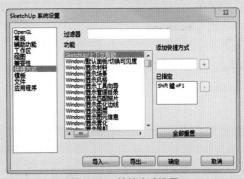

图2-23 快捷方式设置

■ 模板：用于设置新建模型文件时采用的默认模板，如图2-24所示。
■ 文件：设置软件各元素的默认保存及启用文件位置，如图2-25所示。

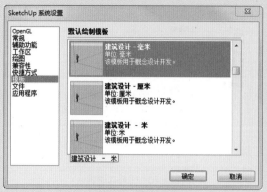

图2-24　模板设置

图2-25　文件设置

■　应用程序：此功能是用户在为材质及贴图进行编辑时，可以使用外部的图像编辑器来编辑材质或贴图。例如，到Photoshop图像软件的安装路径中选择Photoshop.exe启动程序，如图2-26所示。接着在【材料】对话框中【编辑】标签下单击【在外部编辑器中编辑纹理图像】按钮，即可启动Photoshop软件并进行图像编辑，如图2-27所示。

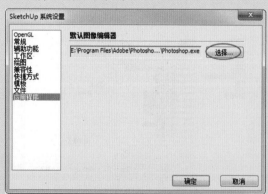

图2-26　设置外部图像编辑器

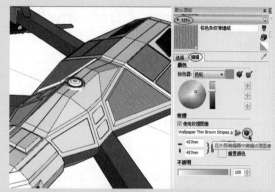

图2-27　在Photoshop中编辑纹理图像

2.3　视图的操控

在使用SketchUp进行方案推敲的过程中，常需要通过视图切换、缩放、旋转、平移等操作，以确定模型的创建位置或观察当前模型在各个角度下的细节结果。这就要求用户必须熟练掌握SketchUp视图操作的方法与技巧。

2.3.1　切换视图

在创建模型过程中，通过单击SketchUp【视图】工具栏中的6个按钮，切换视图方向。【视图】工具栏如图2-28所示。

图2-28　【视图】工具栏

如图2-29所示为6个标准视图的预览情况。

等轴测视图

俯视图

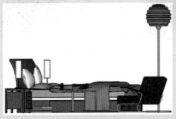

右视图

前视图

后视图

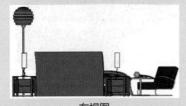

左视图

图2-29　6个标准视图

SketchUp 视图包括平行投影视图、透视图和两点透视图。如图2-29所示的6个标准视图就是平行投影视图的具体表现。如图2-30所示为某建筑物的透视图和两点透视图。

图2-30　某建筑物的透视图（上）和两点透视图（下）

要得到平行投影视图或透视图，可在菜单栏中执行【相机】|【平行投影】命令或【相机】|【透视图】命令。

环绕观察可以观察全景模型，给人以全新的、真实的立体感受。在【大工具集】工具栏中单击【环绕观察】按钮，然后在绘图区按住左键拖动，可以以任意空间角度观察模型，如图2-31所示。

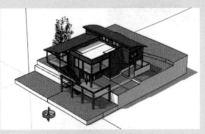

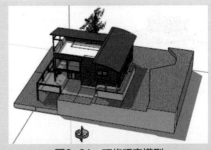

图2-31　环绕观察模型

2.3.3 平移和缩放

平移和缩放是操作模型视图的常见基本工具。

利用【大工具集】工具栏中的【平移】工具，可以拖动视图至绘图区的不同位置。平移视图其实就是平移相机位置。如果视图本身为平行投影视图，那么无论将视图平移到绘图区何处，模型视角都不会发生改变，如图2-32所示。若视图为透视图，那么平移视图到绘图区不同位置，视角会发生如图2-33所示的改变。

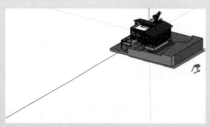

平移到左上角

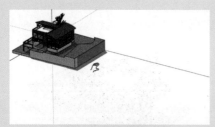

平移到右上角

图2-32　在平行投影视图中平移操作

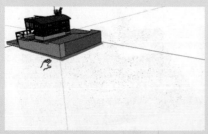

平移到左上角

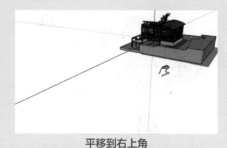

平移到右上角

图2-33　在透视图中平移操作

【缩放】工具包括缩放相机视野工具和缩放窗口。缩放视野是缩放整个绘图区内的视图，利用【缩放】工具，在绘图区上下拖动鼠标，可以缩小或放大视图，如图2-34所示。

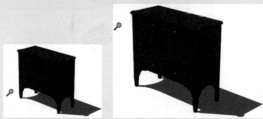

图2-34　缩放视图

2.3.4　视图工具的应用

利用【视图】工具可以产生不同的视图角度，以便对模型进行不同角度的观看，包括等轴视图、俯视图、主视图、右视图、后视图和左视图。

【例2-1】视图工具的具体应用

01 打开本例源文件"建筑模型.skp"。

02 单击【等轴】按钮，显示等轴视图，如图2-35所示。

图2-35　显示等轴视图

03 单击【俯视图】按钮，显示俯视图，如图2-36所示。

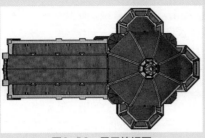

图2-36 显示俯视图

04 单击【主视图】按钮⌂,显示主视图,如图2-37 所示。

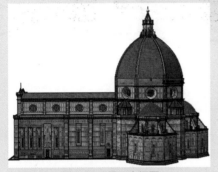

图2-37 显示主视图

05 单击【右视图】按钮🖪,显示右视图,如图2-38 所示。

图2-38 显示右视图

06 单击【后视图】按钮⌂,显示后视图,如图2-39 所示。

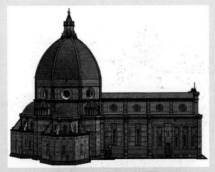

图2-39 显示后视图

07 单击【左视图】按钮🖿,显示左视图,如图2-40 所示。

图2-40 显示左视图

2.4 对象的选择方法

在建模过程中,常需要选择对象来执行相关的操作。SketchUp 常用的对象选择方式有一般选择、框选与窗交选择三种。

2.4.1 一般选择

【选择】工具可以通过单击【主要】工具栏中的【选择】按钮🖈,或直接按空格键激活【选择】命令,下面以实例操作进行说明。

【例2-2】一般选择的方法

01 启动SketchUp 2022。单击【标准】工具栏中的【打开】按钮🗁,然后从网盘路径中打开 "\源文件\Ch02\休闲桌椅组合.skp" 模型,如图2-41 所示。

图2-41 打开模型

02 单击【主要】工具栏中的【选择】按钮🖈,或直接按空格键激活【选择】命令,绘图区中显示箭头符号🖈。

03 在休闲桌椅组合中任意选中一个模型,该模型将显示边框,如图2-42所示。

图2-42 选中休闲椅模型

◎提示•◦

　　SketchUp 中最小的可选择对象为"线" "面"与"组件"。本例组合模型为"组件"，因此无法直接选择到"面"或"线"。但如果选中组件模型，右击并执行【分解】命令，即可选择该组件模型中的"面"或"线"元素，如图2-43所示。若组件模型由多个元素构成，需要进行多次分解。

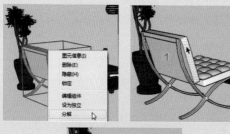

图2-43 分解组件模型后，1选择"线"2选择面

04 选择一个组件、线或面后，若要继续选择，按住Ctrl键（光标变成 ▸＋）连续选择对象即可，如图2-44所示。

05 按住Shift键（光标变成 ▸±）可以连续选择对象，也可以反向选择对象，如图2-45所示。

图2-44 连续选择一个组件

图2-45 反选对象

06 使用Ctrl+Shift组合键，此时光标变成 ▸－，可反选对象，如图2-46所示。

◎提示•◦

　　如果误选了对象，可以按Shift键进行反选，也可以使用Ctrl+Shift组合键反选。

图2-46 使用Ctrl+Shift组合键反选对象

2.4.2 框选与窗交选择

　　框选与窗交选择都是利用【选择】工具，以矩形窗口框选方式进行选择。框选是由左至右画出矩形进行框选，窗交选择是由右至左画出矩形进行框选。

　　框选的矩形选择框是实线，窗交选择的矩形选择框为虚线，如图2-47所示。

图2-47 左图是框选选择，右图是窗交选择

【例2-3】框选与窗交选择的具体应用

01 启动SketchUp 2022。单击【标准】工具栏中的【打开】按钮 ，然后从网盘路径中打开 "\源文件\Ch02\餐桌组合.skp"模型，如图2-48所示。

图2-48 打开模型

02 在整个组合模型中要求一次性选择三个椅子组件。保留默认的视图，在图形区合适位置拾取一点作为矩形框的起点，然后从左至右画出矩形，将其中三个椅子组件包容在矩形框内，如图2-49所示。

图2-49　框选对象

◎提示·◦

要想完全选中三个组件，三个组件必须被包含在矩形框内。另外，被矩形框包容的还有其他组件，若不想被选中，按Shift键反选即可。

03 框选后，可以看见同时被选中的三个椅子组件（选中状态为蓝色高亮显示组件边框），如图2-50所示。在图形区空白区域单击，即可取消框选结果。

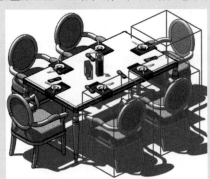

图2-50　被框选的对象

04 下面用窗交选择方法同时选择三个椅子组件。在合适位置处从右至左画出矩形框，如图2-51所示。

图2-51　窗交选择对象窗交

◎提示·◦

窗交选择与框选不同的是，无须将所选对象完全包容在内，而是矩形框包容对象或经过所选对象，但凡矩形框经过的组件都会被选中。

05 如图2-52所示，矩形框所经过的组件被自动选中，包括椅子组件、桌子组件和桌面上的餐具。

图2-52　被窗交选择的对象

06 如果是将视图切换到俯视图，再利用框选或窗交选择来选择对象会更加容易，如图2-53所示。

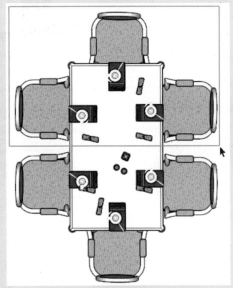

图2-53　切换到俯视图框选对象

2.5　标记的应用

在SketchUp中，标记也称为"图层"。在所有三维工程软件及平面图形图像软件中都有"图层"这个工具。图层的概念类似于播放幻灯片，在每个单独播放的胶片上可以绘制某一部分的图像，不断叠加这些幻灯胶片，最终表现出一副完整的图像，那么每一个独立的胶片就代表了一个图层。在SketchUp 中，标记可以用来存储几何元素、图像、颜色及材质等信息。

在SketchUp 中，面与边线是两种独立的实体，面和边线可以分别位于不同的标记；而这两者又有一定的依存关系，如果面的部分边线被删除，该面会因为失去限定条件而被清除，当面的部分边线被移动时也会导致面的变形或被重新分割。基于这种情况，如果按照AutoCAD的方式使用标记来组织模型，在关闭了部分标记的情况下，很容易发生因为删除或移动边线导致被关闭图层中的面被清除或发生变化，而这些改变需要等到重新打开标记时才会被发现，这种不可预见的后果给习惯了使用AutoCAD和Photoshop中标记的用户带来很多困扰。可以说传统图层的功能在SketchUp 中都有其他工具可以替代完成，很多用户在使用SketchUp 时也很少使用图层工具。

可以在图形区（视图窗口）右侧的【默认面板】面板中的【图层】卷展栏进行图层的创建、删除等操作，如图2-54所示。

图2-54　【图层】卷展栏

第3章
踏出SketchUp 2022的第二步

本章主要介绍SketchUp 的辅助设计功能，其主要作用是帮助设计师快速建模。

SketchUp 辅助设计工具包括模型显示样式、标准工具、建筑施工工具、视图操控工具、剖切工具、图元删除工具等。

知 识 要 点

- 模型的基本显示样式
- 创建与操控视图工具
- 启用物体阴影
- 模型剖切
- 建筑施工工具
- 图元对象的删除与擦除

3.1 模型的基本显示样式

在SketchUp 中，模型的基本显示样式包括X光透射模式、后边线、线框、隐藏线、阴影、阴影纹理和单色7种，如图3-1所示为【样式】工具栏。

图3-1 【样式】工具栏

◎技术要点·◎

在工具栏区域的空白处右击执行【样式】命令，即可调出【样式】工具栏。

【例3-1】设置模型显示样式

01 打开本例源文件"风车.skp"。单击【X光透射模式】按钮，显示X射线样式，如图3-2所示。

02 单击【后边线】按钮，显示后边线样式，如图3-3所示。

图3-2 显示X射线样式

图3-3 显示后边线样式

03 单击【线框显示】按钮，显示线框样式，如图3-4所示。

04 单击【消隐】按钮，显示隐藏线样式，如图3-5所示。

图3-4 显示线框样式

图3-5 显示隐藏线样式

05 单击【阴影】按钮，显示阴影样式，如图3-6所示。

06 单击【材质贴图】按钮，显示阴影纹理样式，如图3-7所示。

图3-6 显示阴影样式

图3-7 显示阴影纹理样式

07 单击【单色显示】按钮，显示单色显示样式，如图3-8所示。

图3-8 显示单色显示样式

3.2 启用物体阴影

阴影实际反映了在太阳光照射下物体的投影情况。SketchUp 提供的阴影工具能为建筑模型添加实时的阴影效果，包括一天及全年时间内的变化，相应的计算是根据模型位置（经纬度、模型的坐落方向和所处时区）进行的。

要想使用阴影效果，可通过在默认面板的【阴影】卷展栏中单击【阴影】按钮 🖋，或者在【阴影】工具栏中单击【显示/隐藏阴影】按钮 🖋 来开启阴影效果。

在菜单栏中执行【窗口】|【默认面板】|【阴影】命令，可以控制在默认面板中是否显示或关闭【阴影】卷展栏。如图3-9所示为【阴影】卷展栏。

图3-9 【阴影】卷展栏

在工具栏区域的空白位置右击并执行【阴影】命令，弹出【阴影】工具栏，如图3-10所示。

图3-10 【阴影】工具栏

- 【显示/隐藏阴影】按钮 🖋：表示显示或隐藏阴影。

- UTC+08:00 ▼：也可以称标准世界统一时间，选择下拉列表中不同的时区时间，可以改变阴影变化，如图3-11所示。

图3-11 时区时间列表

- 【时间】选项：可以调整滑块改变时间，调整阴影变化，也可在右边框中输入准确值，如图3-12~图3-15所示。

图3-12 时间选项

图3-13 阴影变化1

图3-14 阴影变化2　　　　图3-15 阴影变化3

- 【日期】选项：可以调整滑块改变日期，也可在右边框中输入准确值。

- 【亮】|【暗】选项：主要是调整模型和阴影的亮度和暗度，也可以在右边框中输入准确值，如图3-16和图3-17所示。

图3-16 设置日期选项   图3-17 阴影的明暗程度

- 【使用阳光参数区分明暗面】复选框：勾选此项则代表在不显示阴影的情况下，依然按场景中的太阳光来表示明暗关系，不勾选则不显示。
- 【在平面上】复选框：启用平面阴影投射，此功能要占用大量的3D图形硬件资源，因此可能会导致计算机性能降低。
- 【在地面上】复选框：启用在地面（红色/绿色平面）上的阴影投射。
- 【起始边线】复选框：启用与平面无关的边线的阴影投射。

◎提示·•

　　SketchUp 中的时区是根据图像的坐标设置的，鉴于某些时区跨度很大，某些位置的时区可能与实际情况相差多达一个小时（有时相差的时间会更长）。夏令时不作为阴影计算的因子。

3.3 建筑施工工具

建筑施工工具，又称为精确建模辅助工具，主要对模型进行测量和注释操作，常用工具包括【卷尺工具】工具、【尺寸】工具、【量角器】工具、【文字】工具、【轴】工具和【三维文字】工具。如图3-18所示为【建筑施工】工具栏中的建筑施工工具，也可以在大工具集中找到这些建模辅助工具。

图3-18 【建筑施工】工具栏

3.3.1 【卷尺工具】工具

　　【卷尺工具】主要对模型任意两点之间进行测量，同时还可以拉出一条辅助线，对建立精确模型

非常有用。

【例3-2】测量模型

　　下面测量一个矩形块的高度和宽度，具体操作如下。

01 创建一个300mm×300mm×350mm的矩形块模型，如图3-19所示。

02 单击【卷尺工具】按钮，指针变成一个卷尺，单击确定要测量的第一点，呈绿点状态，如图3-20所示。

图3-19 创建矩形块模型   图3-20 选取测量第一点

03 移动光标至测量的第二点，数值输入栏中会显示精确数值，测量的值和测量数值框的值一样，如图3-21和图3-22所示为测量的高度和宽度。

图3-21 测量高度   图3-22 测量宽度

【例3-3】辅助线精确建模

01 创建例3-2矩形块模型。

02 单击【卷尺工具】按钮，选取边线中点作为测量起点，如图3-23所示。

03 按住左键不放向下拖动，拉出一条辅助线，在测量数值框中输入30mm，按Enter键结束，即可确定当前辅助线与边距离为30mm，如图3-24所示。

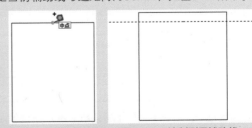

图3-23 选取测量起点   图3-24 绘制测量辅助线

04 分别对其他三边拖出30mm的辅助线，如图3-25所示。

05 单击【直线】按钮✐，选取辅助线相交的4个点，即可绘制出一个精确的封闭面，如图3-26和图3-27所示。

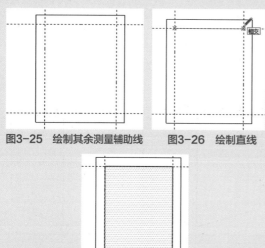

图3-25 绘制其余测量辅助线　　图3-26 绘制直线

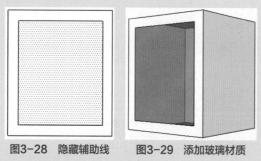

图3-27 完成的封闭面

06 删除封闭面，辅助线精确建立模型完毕。在菜单栏中执行【视图】|【参考线】命令即可隐藏辅助线，如图3-28所示。

07 为了表现其效果，通过默认面板中【材质】卷展栏的操作，为精确绘制的封闭面添加半透明玻璃材质，结果如图3-29所示。

图3-28 隐藏辅助线　　图3-29 添加玻璃材质

3.3.2 【尺寸】工具

【尺寸】工具主要是对模型进行精确标注，可以对中心点、圆心、圆弧及模型边线进行标注。

【例3-4】距离尺寸标注

01 打开本例源文件"门.skp"，打开的门模型如图3-30所示。单击【尺寸】按钮✖，在门模型的左上角选取一端点作为尺寸标注的第一点，如图3-31所示。

图3-30 打开门模型　　图3-31 确定标注第一点

02 移动光标，选取门模型的右上角端点作为尺寸标注的第二点，如图3-32所示。

图3-32 确定标注第二点

03 拖动光标往上移动，可在适当位置放置尺寸（包括尺寸线与尺寸文字），在尺寸位置上单击即可完成两点间的距离标注，如图3-33和图3-34所示。

图3-33 放置尺寸　　图3-34 完成尺寸标注

【例3-5】长度尺寸标注

01 单击【尺寸】按钮✖，光标直接选取门模型左侧的一条边线，选中的边线呈蓝色高亮显示，如图3-35所示。

02 向左侧拖动光标，在适当位置单击以放置尺寸，即可完成所选边线的尺寸长度标注，如图3-36和图3-37所示。

图3-35 选择边线

图3-36 拖动放置标注　　图3-37 完成所选边线的标注

03 利用同样的方法，对其他边进行长度尺寸标注，如图3-38所示。

04 选中尺寸，按Delete键即可删除尺寸，如图3-39所示。

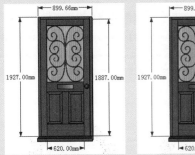 

图3-38 完成其余长度尺寸标注　图3-39 选中尺寸以删除

【例3-6】半径或直径标注

在场景中绘制一个圆和圆弧，对圆和圆弧进行直径或半径标注。

01 分别利用大工具集中的【圆】工具●和【圆弧】工具⊿，绘制出一个圆和圆弧，如图3-40所示。

02 单击【尺寸】按钮✎，选取圆，如图3-41所示。

03 在圆内或圆外某个位置单击以放置直径尺寸，如图3-42所示。

图3-40 绘制圆及圆弧

图3-41 选取圆

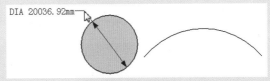

图3-42 标注直径尺寸

04 同理，再选取圆弧，系统会自动标注出半径尺寸。直径尺寸中的DIA表示直径，半径尺寸中的R表示半径，如图3-43所示。

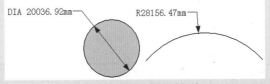

图3-43 完成半径尺寸标注

◎提示·•

如果尺寸失去了与几何图形的直接链接或其文字经过了编辑，则可能无法显示准确的尺寸值。

3.3.3 【量角器】工具

【量角器】工具主要用来测量角度或创建有角度的辅助线，按住Ctrl键操作除了测量角度还可创建角度辅助线。

【例3-7】使用【量角器】工具

01 打开本例源文件"模型1.skp"，是一个多边形模型，如图3-44所示。

02 单击【量角器】按钮✐，光标变成量角器，将光标指针移动到夹角顶点上，如图3-45所示。

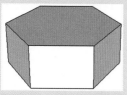
图3-44 打开多边形模型

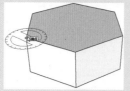
图3-45 放置量角器

03 在模型中选取一个顶点作为角度起始边上的一点，如图3-46所示。

04 在模型中选取另一个顶点作为角度终止边上的一点，如图3-47所示。

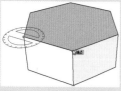
图3-46 确定角度起始边上的一点

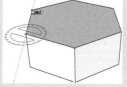
图3-47 确定角度终止边上的一点

◎提示·◦

　　SketchUp最高可接受0.1°的角度精度，按住Shift键然后单击图元，可锁定该方向的操作。

05 完成角度测量后，可在测量数值框中查看测量所得的角度值，如图3-48所示。如果需要保留测量的辅助线，可在执行【量角器】命令后，按Ctrl键进行测量，即可保留辅助线，如图3-49所示。

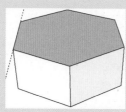

角度 120.0

图3-48 查看测量的角度值　图3-49 保留的测量辅助线

06 不再需要辅助线时，可选中某一条或多条辅助线按Delete键删除，如图3-50所示。若要全部删除绘图区中的辅助线，在菜单栏中执行【编辑】|【删除参考线】命令即可，如图3-51所示。

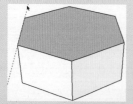
图3-50 删除测量辅助线

撤销 画线	Alt 键+Backspace
重复	Ctrl 键+Y
剪切(T)	Shift 键+删除
复制(C)	Ctrl 键+C
粘贴(P)	Ctrl 键+V
原位粘贴(A)	
删除(D)	删除
删除参考线(G)	
全选(S)	Ctrl 键+A
全部不选(N)	Ctrl 键+T
隐藏(H)	
取消隐藏(E)	▶

图3-51 执行菜单命令删除辅助线

◎提示·◦

　　若是需要隐藏辅助线，在菜单栏中执行【视图】|【参考线】命令即可。

3.3.4 【文字】工具

　　利用【文字】工具，可以创建模型中的点、线、面的文字注释。如建筑设计与建筑装饰设计中的门窗型号、材料型号、钢筋材料等，都需要做出文字说明。

【例3-8】创建文字标注

　　对一个窗户模型进行面、线、点标注。

01 打开本例源文件"窗户.skp"，是一个窗户模型，如图3-52所示。

02 单击【文字】按钮，选取模型面以创建引线起点，如图3-53所示。

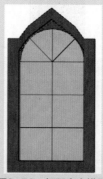

图3-52 打开窗户模型　图3-53 选中要标注的面

03 向外拖动，在合适位置放置引线（放置后单击确定），即可完成所选面的文字注释，如图3-54所示。如果需要作其他文字说明，可以修改文字内容。

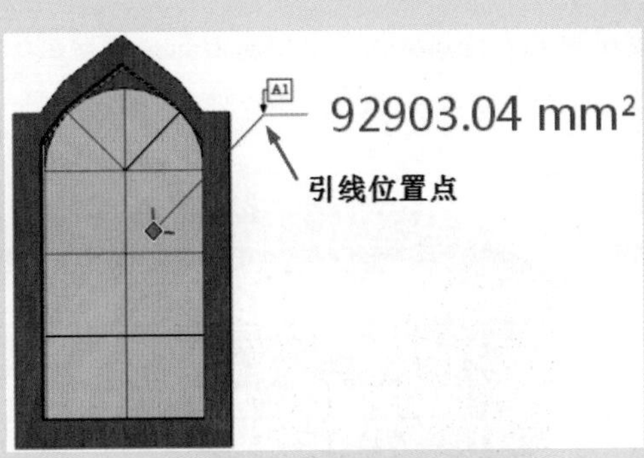

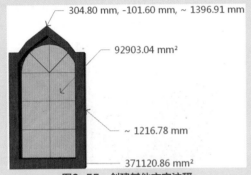

图3-54　单击完成面文字注释

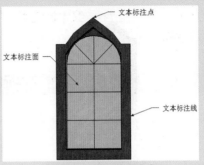

图3-57　修改文字内容

④ 利用同样的方法，创建窗户模型中其他位置的文字注释，如图3-55所示。

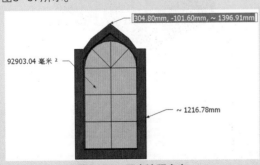

图3-55　创建其他文字注释

图3-58　【图元信息】卷展栏

⑤ 如果不需要创建引线，可以直接在屏幕的空白区域单击来放置说明文字。

【例3-9】修改文字标注

以上对模型的文字标注都是以默认方式标注的，还可以对标注进行修改。

① 单击【文字】按钮█，双击注释文字，文字呈蓝色高亮显示，随后可修改文字内容，如图3-56和图3-57所示。

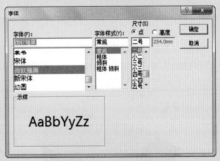

图3-59　更改文字

④ 单击【颜色】块，可以对文字颜色进行修改，如图3-60所示。

⑤ 在【引线】下拉列表中可以设置引线样式，如图3-61所示。

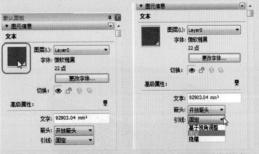

图3-56　双击注释文字

② 在默认面板的【图元信息】卷展栏中，显示【文本】选项，如图3-58所示。

③ 单击【更改字体】按钮，弹出【字体】对话框。在该对话框中可以对字体大小、样式进行修改，修改完成后单击 确定 按钮，如图3-59所示。

图3-60　更改文字颜色　　图3-61　设置引线样式

⑥ 设置完成字体、颜色和引线后，按Enter键结束操作，如图3-62所示为修改后重新设置的文字标注。

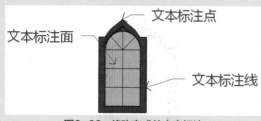

图3-62 修改完成的文字标注

3.3.5 【轴】工具

【轴】工具就是建立坐标轴的工具，主要使用这个工具来确定工作平面在Z轴方向的位置。默认的工作平面是坐标系统中的三个基准平面，在SketchUp中用俯视图、前视图和右视图来表示三个基准平面。一旦坐标系改变，基准平面（工作平面）也会相应改变。

【例3-10】新建坐标轴

以一个小房子模型为例，手动创建一个新的坐标系轴。

01 打开本例源文件"小房子.skp"，是一个小房子模型，如图3-63所示。从打开的模型中可以看到，默认的坐标轴位置在小房子的左侧。其中，红色轴表示X轴，绿色轴表示Y轴，蓝色轴表示Z轴。

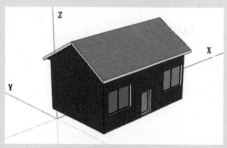

图3-63 打开小房子模型

02 单击【轴】按钮 *，在模型中选取一个端点作为新坐标轴的原点（也称"轴心点"），如图3-64所示。

图3-64 确定坐标轴原点

03 沿着屋面移动光标到另一端点并单击确定，随即完成X轴的指定，如图3-65所示。

图3-65 指定X轴

04 移动光标到屋面的另一端点上并单击，完成Y轴的指定，如图3-66所示。

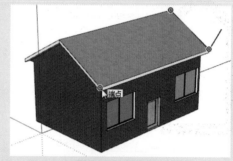

图3-66 指定Y轴

05 随后默认的坐标轴消失，绘图区中仅显示新建的坐标轴，如图3-67所示。

图3-67 显示新建的坐标轴

【例3-11】对齐轴

仍然是以一个小房子模型为例，利用【对齐轴】工具来改变默认坐标轴的轴向。

01 选中一个屋面，右击并执行【对齐轴】命令，即可自动将屋面设置为与X轴、Y轴对齐的坐标平面，如图3-68所示。对齐轴后的效果如图3-69所示。

中文版SketchUp 2022完全实战技术手册

图3-68 选中屋面并执行右键菜单命令

图3-69 自动将所选屋面与坐标轴对齐

⑫ 如果想恢复默认的轴方向，可右击轴并执行【重设】命令，即可恢复默认的轴方向，如图3-70所示。

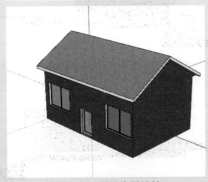

图3-70 重设为默认轴

3.3.6 【三维文字】工具

利用【三维文字】工具，可以创建文字的三维图形。

【例3-12】添加三维文字

⑪ 打开本例源文件"学校大门.skp"，打开的是一个学校大门模型，如图3-71所示。

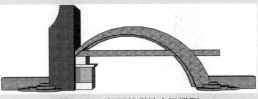

图3-71 打开的学校大门模型

⑫ 单击【三维文字】按钮，弹出【放置三维文字】对话框，如图3-72所示。

图3-72 【放置三维文字】对话框

⑬ 在文字框中输入"欣荣中学"，竖直排列，再对字体、对齐、高度选项进行设置，如图3-73所示。

图3-73 输入文字并进行选项设置

⑭ 单击 放置 按钮，将文字放置到大门的立柱面上，如图3-74所示。

◎提示·◦

也可以逐一创建单个三维文字，便于通过【缩放】工具来调整文字的字间距和行距。

图3-74 放置文字到立柱面上

⑤ 单击【缩放】按钮，可通过缩放文字大小来调整文字，效果如图3-75所示。

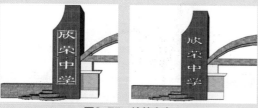

图3-75 缩放文字

⑥ 通过默认面板的【材质】卷展栏，选择一种材质填充三维文字，效果如图3-76所示。

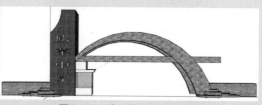

图3-76 给三维文字填充材质

◎提示·◎

创建三维文字时必须勾选【填充】和【已延伸】复选框，否则产生的文字没有立体效果。在放置三维文字时会自动激活移动工具，利用选择工具在空白处单击即可取消移动工具。

3.4 创建与操控视图工具

SketchUp 的相机工具，主要用来对模型进行不同视图角度的观察。【相机】工具栏包含【环绕观察】工具、【平移】工具、【缩放】工具、【缩放窗口】工具、【上一视图】工具、【充满视窗】工具、【定位相机】工具、【绕轴旋转】工具及【漫游】工具等，如图3-77所示。

图3-77 【相机】工具栏

3.4.1 【环绕观察】工具（鼠标中键）

通过【环绕观察】工具，可以围绕模型旋转进行相机全方位的观察。除了【环绕观察】工具可以旋转观察模型视图，还可以按鼠标中键来旋转观察模型视图。

【例3-13】环绕观察模型

① 打开本例源文件"别墅模型1.skp"，别墅模型如图3-78所示。

图3-78 打开模型

② 单击【环绕观察】按钮，按住左键不放进行不同方位的拖动，如图3-79所示。

图3-79 环绕观察模型

③ 可在【视图】工具栏中单击6个基本视图的按钮，从不同角度观察房屋模型的结构。如图3-80和图3-81所示为单击【右视图】按钮和【左视图】按钮后的视图观察角度。

图3-80 右视图角度

图3-81 左视图角度

3.4.2 【平移】工具（Shift+中键）

【平移】工具，主要用来创建竖直和水平移动的相机来查看模型。使用Shift+中键组合键，也可以平移模型视图进行观察。

【例3-14】平移模型视图

① 单击【平移】按钮 ⟨⟩，在视图中按住左键不放，执行左右平移操作，如图3-82所示。

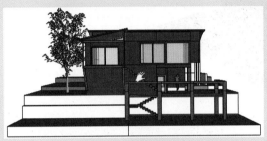

图3-82　水平平移视图

② 执行竖直方向平移，如图3-83所示。

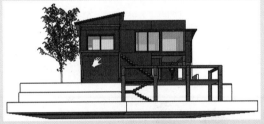

图3-83　竖直方向平移

◎提示·
　　【环绕观察】工具在使用时可使用Shift+左键组合键进行平移相机观察。

3.4.3 【缩放】工具（滚动鼠标滚轮）

【缩放】工具，主要对模型视图进行放大或缩小操作，以方便观察。此工具等同于滚动鼠标中键来缩放视图的功能。

【例3-15】缩放视图

① 打开本例源文件"别墅模型2.skp"。
② 单击【缩放】按钮 ⟨⟩，按住左键不放，向上移动即可放大视图，如图3-84所示。向下移动即可缩小视图，如图3-85所示为缩小视图。

图3-84　向上放大视图

图3-85　向下缩小视图

【例3-16】缩放窗口

【缩放窗口】工具可以对模型视图的某一特定部分进行放大观察。

① 使用例3-15中的别墅模型继续操作。单击【缩放窗口】按钮 ⟨⟩，按住左键不放，在模型窗户的周围绘制一个矩形缩放区域，如图3-86所示。

图3-86　绘制缩放区域

② 随后放大显示矩形区域中的视图内容，以便能清晰地观察到窗户里的情景，如图3-87所示。

图3-87　放大显示区域

3.4.4 【上一视图】工具

单击【上一视图】按钮 ⟨⟩，可返回到上一次视图操作后状态。此工具并非是重新返回到上一次的创建操作，只对模型视图的状态有效。

01 02 03 04 05 06 07 08 09 10 11 12 13

3.4.5 【充满视窗】工具

单击【充满视窗】按钮✕，可以把当前场景中的所有模型对象充满视窗，如图3-88所示。

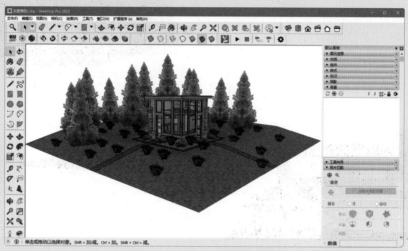

图3-88　场景中的模型充满视窗

◎提示·◦

当使用鼠标滚轮时，光标的位置决定缩放的中心；当使用左键时，屏幕的中心决定缩放的中心。

3.4.6 【定位相机】工具

使用【定位相机】工具可以将相机置于特定的视角，以查看模型的视图或在视图中漫游。下面介绍两种定位相机来观察模型视图的方法，第一种方法是将相机置于某一特定点上方的视线高度处，第二种方法是将相机置于某一特定点，且面向特定方向。

【例3-17】【定位相机】工具使用方法一

01 打开本例源文件"别墅模型3.skp"。

02 单击【定位相机】按钮 ♀，光标变成♀形状。此时在测量数值框中显示当前相机的【高度偏移】默认值。然后在视图中的某个位置单击定位相机，如图3-89所示。

图3-89　定位相机

03 定位相机后，光标变成眼睛形状👁，表示正在查看模型，如图3-90所示。

图3-90　确定相机后的模型观察

【例3-18】定位相机工具使用方法二

01 单击【定位相机】按钮♀，光标在视图中某个位置单击（按住左键不放），以确定相机观察的目标点，然后拖动光标指向视线观察起点，这时产生的虚线就是模拟的视线，如图3-91所示。

02 松开左键，以当前视线查看模型，如图3-92所示。

◎提示·◦

如果从平面视图放置相机，视图方向会默认为屏幕上方，即正北方向。使用【卷尺工具】工具和【量角器】工具可将平行构造线拖离边线，这样可实现准确的相机定位。

图3-91 确定相机观察视线

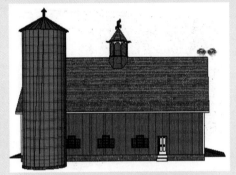

图3-92 以相机视线来观察

3.4.7 【绕轴旋转】工具

使用【绕轴旋转】工具，可以围绕固定的点移动相机，类似于让一个人站立不动，然后观察四周，即向上、下（倾斜）和左右（平移）观察。这在观察空间内部或在使用【定位相机】工具后评估可见性时尤其有用。

【例3-19】绕轴旋转观察模型

① 使用例3-17的别墅模型。

② 单击【绕轴旋转】按钮 👁，光标变成眼睛形状。按住左键不放，上移或下移视图可斜向观察模型，如图3-93所示。

图3-93 斜向观察模型

③ 向右或向左移动视图可水平观察模型，如图3-94所示。

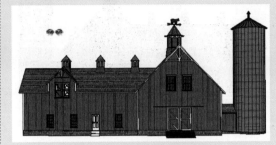

图3-94 水平观察模型视图

◎提示·◦

在使用【定位相机】工具时，其实【绕轴旋转】工具就被自动激活了。在观察时可以配合【缩放】工具、【环绕观察】工具使用。

3.4.8 【漫游】工具

使用【漫游】工具可以穿越模型，就像是正在模型中行走一样，特别是【漫游】工具会将相机固定在某一特定高度，然后操纵相机观察模型四周，但【漫游】工具只能在透视图模式下使用。

【例3-20】模型视图的漫游

① 使用例3-17的别墅模型。

② 单击【漫游】按钮 👣，光标变成脚印形状 👣（也就是漫游标记），如图3-95所示。

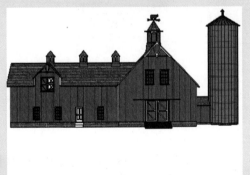

图3-95 显示漫游标记

③ 在视图中任意位置单击以确定漫游起点，按住左键不放并向前拖动光标，就像一直往前走一样，直到离模型越来越近，松开鼠标确定漫游终点，如图3-96和图3-97所示。

图3-96　设置漫游起点

图3-97　设置漫游终点

3.5　模型剖切

SketchUp 截面工具，又称剖切工具，主要控制截面效果，使用剖切工具可以很方便地对模型内部进行观察，减少编辑模型时需要隐藏的操作。如图3-98所示为【截面】工具栏。

图3-98　【截面】工具栏

在工具栏的空白区域右击并执行【截面】命令，即可调出【截面】工具栏。

【例3-21】创建模型剖切

① 打开本例源文件"高层住宅.skp"。

② 单击【剖切面】按钮⊕，弹出【放置剖切面】对话框。输入截面名称及符号后，单击【放置】按钮，如图3-99所示。

③ 将剖切面放置在墙面上，如图3-100所示。

④ 在墙面上单击，完成剖切面的添加，效果如图3-101所示。

⑤ 选中橙色的剖切面，随后呈蓝色高亮显示，如图3-102所示。

图3-99　设置剖切面名称及符号

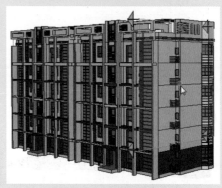

图3-100　放置剖切面

图3-101　添加的剖切面效果

图3-102　选中剖切面

06 在大工具集中单击【移动】按钮✥，可以移动剖切面，观察模型建筑的内部结构，如图3-103所示。

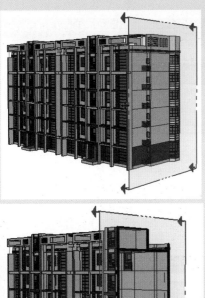

图3-103　移动剖切面观察模型内部结构

07 添加剖切面后如果再单击【显示剖切面】按钮🞾和【显示剖面切割】按钮🞿（默认情况下这两个按钮是自动按下的），将恢复到原始状态，不会显示剖切面与剖切效果。

08 再单击【显示剖面切割】按钮🞿，将显示剖切效果，如图3-104所示。

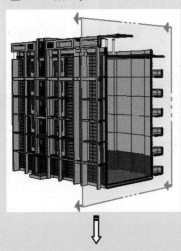

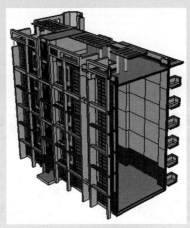

图3-104　显示剖切效果

> ◎提示·◦
>
> 　　剖切面工具只能隐藏部分模型而不是删除模型，如果【截面】工具栏里所有的工具按钮都不选择，则可以恢复完整模型。

3.6　图元对象的删除与擦除

　　建模过程中总会碰到错误的操作或多余图元对象，可以利用删除工具或擦除工具进行移除操作。

3.6.1　对象的删除

　　下面对一个装饰品模型进行选中边线、选中面、删除边线、删除面等操作，详细了解删除工具的应用。

【例3-22】删除对象操作

01 打开本例源文件"装饰品.skp"，打开的装饰品模型如图3-105所示。

图3-105　装饰品

02 选中模型的一条线，按Delete键删除，如图3-106所示。

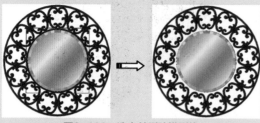

图3-106　选中并删除模型线

03 选择中间的一个面，按Delete键删除，如图3-107所示。

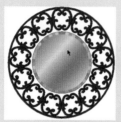 

图3-107　选中并删除面

04 选中部分对象，在菜单栏中执行【编辑】|【删除】命令，删除所选的部分对象，如图3-108所示。

 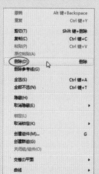

图3-108　执行菜单命令删除对象

05 如果想撤销删除，可以执行【编辑】菜单中的【撤销】命令。

3.6.2　【擦除】工具

　　【擦除】工具又称橡皮擦工具，主要是对模型不需要的地方进行删除，但无法删除平面。

【例3-23】擦除对象

01 打开本例源文件"装饰画.skp"，打开的装饰画模型如图3-109所示。

02 在大工具集中单击【擦除】按钮✐，光标变成擦除工具形状，选取要擦除的模型的边线，如图3-110所示。

图3-109　装饰画模型　　图3-110　选取要擦除的边线

03 随后自动擦除线和面，擦除效果与之前的按Delete键进行删除类似，如图3-111所示。

04 若按住Shift键进行擦除，将不会删除线，仅仅是隐藏边线，如图3-112所示。

图3-111　擦除线　　　图3-112　隐藏边线

第4章
模型创建与编辑

第3章学习了SketchUp辅助设计功能，这一章主要学习SketchUp模型创建与编辑功能，主要介绍如何利用绘图工具制作不同的模型，利用编辑工具对模型进行不同的编辑。

知 识 要 点

- 形状绘图
- 利用编辑工具建立基本模型
- 组织模型
- 模型的布尔运算工具
- 照片匹配建模
- 模型的柔化边线处理

4.1 形状绘图

SketchUp形状绘图工具在大工具集中，或者在【绘图】工具栏中。包括【直线】工具、【矩形】工具、【圆】工具、【圆弧】工具、【手绘线】工具、【多边形】工具等，如图4-1所示。

图4-1 【绘图】工具栏

4.1.1 【直线】工具

使用【直线】工具可以绘制出直线段和封闭的多边形曲线，当多边形曲线形成封闭后，系统会自动形成一个面。利用【直线】工具也可拆分面或复原删除的面。

【例4-1】绘制直线

利用【直线】工具绘制一条简单的直线。

01 单击【直线】按钮 ，此时光标变成铅笔，在绘图区中任意位置单击以确定直线起点，拖动光标拉出直线，在其他位置单击来确定直线第二点，如图4-2所示。

图4-2 绘制直线

02 如果想精确绘制直线，确保直线方向后可在测量数值框中输入数值，这时测量数值框以"长度"

名称显示，如输入300，按Enter键结束操作，如图4-3所示。

长度 300

图4-3 输入值精确控制直线长度

03 默认情况下，如果不结束绘制操作，将会继续绘制连续的直线。

【例4-2】绘制封闭面

如果利用【直线】工具绘制封闭的曲线，系统会自动填充封闭区域并创建一个面。

01 单击【直线】按钮 ，在绘图区中确定直线起点。

02 拖动光标，依次确定第二点、第三点和第四点，即可画出一个三角形面，如图4-4所示。

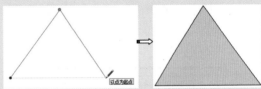

图4-4 绘制封闭曲线形成面

◎提示·○

面可以删除，封闭的曲线会保留。若删除某条直线，则面也随之删除。

03 如果连续的直线没有形成封闭，则不能形成封闭面，如图4-5所示。

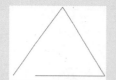

图4-5 没有封闭的曲线

【例4-3】拆分直线

利用【拆分】工具可以将一条直线拆分成多段,下面举例说明。

① 单击【直线】按钮✐,画出一条直线。选中直线,再右击并执行【拆分】命令,如图4-6所示。

图4-6 选中直线执行【拆分】命令

② 此时直线中会预览显示分段点,如果光标在直线中间,仅将产生一个分段点,若移动光标会产生多个分段点,如图4-7所示。

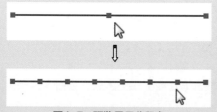

图4-7 预览显示分段点

③ 还可以在绘图区底部的测量数值框中输入数值来精确控制分段。如输入5,则直接被拆分成5段,按Enter键结束操作,如图4-8所示。

图4-8 输入段数拆分直线

【例4-4】拆分面

当绘制封闭曲线并自动填充面域后,可以将一个面拆分为多个面。

① 单击【直线】按钮✐,绘制一个封闭的矩形面,如图4-9所示。

② 单击【直线】按钮✐,在面上绘制一条直线,可将矩形面拆分成两个面,如图4-10所示。

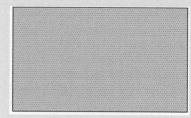

图4-9 绘制矩形面

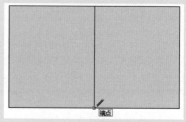

图4-10 绘制直线拆分面

③ 同理,继续绘制直线,可以将面域拆分成更多小块面,如图4-11所示。

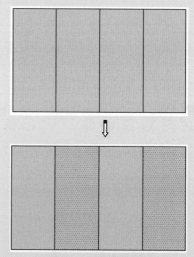

图4-11 继续拆分面

4.1.2 【手绘线】工具

使用【手绘线】工具可绘制不规则平面曲线和3D空间曲线。曲线模型由多条连接在一起的线段构成。这些曲线可用于定义和分割平面。曲线可用来表示等高线地图或其他有机形状中的等高线。

【例4-5】手绘曲线

① 单击【手绘线】按钮⌇,光标变为一支带曲线的笔势。在绘图区中任意位置单击确定曲线起点,按住左键不放,即可绘制出不规则曲线,如图4-12所示。

② 当起点与终点重合时,即可绘制出一个封闭的面,如图4-13所示。

中文版SketchUp 2022完全实战技术手册

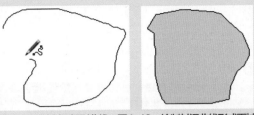

图4-12 绘制不规则曲线　图4-13 绘制封闭曲线形成面域

4.1.3 【矩形】工具

利用【矩形】工具或【旋转矩形】工具，可绘制平面矩形，还可以绘制倾斜矩形。矩形曲线本身就是封闭的，所以绘制矩形后将会自动填充矩形区域形成面。

> ◎提示‧◦
>
> 本章及后面章节中，有时将"绘制矩形"描述为"绘制矩形面"，或者将"绘制圆"描述为"绘制圆形"或"绘制圆形面"，这是考虑到各自案例中的实际需要。

【例4-6】绘制矩形

利用【矩形】工具绘制一个矩形，操作步骤如下。

① 单击【矩形】按钮▥，光标变成一支带矩形的笔势。在绘图区中确定矩形的两个对角点位置，即可完成矩形的绘制，如图4-14所示。

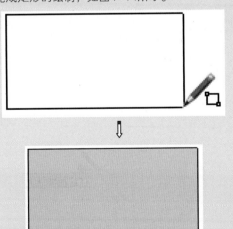

图4-14 绘制矩形

② 在绘制矩形过程中若出现"黄金分割"的提示，说明绘制的是黄金分割的矩形，如图4-15所示。

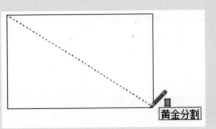

图4-15 绘制"黄金分割"矩形

③ 也可以在测量数值框中输入"500，300"，以精确绘制矩形，按Enter键结束操作，如图4-16所示。

尺寸 500,300

图4-16 精确绘制矩形

> ◎提示‧◦
>
> 如果输入负值（-100，-100），SketchUp将把负值应用到与绘图方向相反的方向，并在这个新方向上应用新的值。

④ 当在确定矩形的第二对角点过程中，若出现一条对角虚线并在光标位置显示"正方形"时，那么所绘制的矩形就是正方形，如图4-17所示。

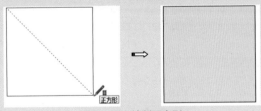

图4-17 绘制正方形

⑤ 绘制矩形并自动填充为面域后，可以删除面，仅保留矩形曲线，如图4-18所示。但是，如果删除一条矩形上的线，那么矩形面就不存在了，因为封闭的曲线变成了开放曲线。

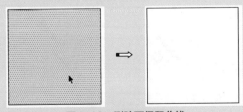

图4-18 删除面保留曲线

【例4-7】绘制倾斜矩形

利用【旋转矩形】工具▣，可以绘制倾斜矩形。

⓵ 单击【旋转矩形】按钮▣，光标位置显示量角器，用以确定倾斜角度，如图4-19所示。

⓶ 在绘图区中单击确定矩形第一角点，接着绘制一条斜线以确定矩形的一条边，如图4-20所示。

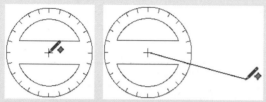

图4-19　显示量角器　　图4-20　绘制矩形的一条边

⓷ 沿着斜线的垂直方向拖动，以确定矩形的垂直边长度，单击即可完成倾斜矩形的绘制，如图4-21所示。按Enter键结束命令。

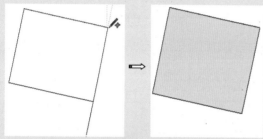

图4-21　确定垂直边的长度完成绘制

4.1.4　【圆】工具

圆可以看成是由无数条边构成的多边形。SketchUp中绘制圆，默认的边数为24边，可以修改边数来绘制正多边形。

【例4-8】绘制圆

⓵ 单击【圆】按钮●，这时光标变成圆笔势，如图4-22所示。

⓶ 在绘图区中坐标轴原点位置单击以确定圆心，拖动光标并在任意位置单击，即可画出一个任意半径值的圆，如图4-23所示。

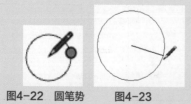

图4-22　圆笔势　　图4-23

⓷ 若要精确绘制圆，可在测量数值框中输入半径值，如输入3000并按Enter键确认，则可画出半径为3000mm的圆，如图4-24所示。

⓸ 默认的圆边数为24边，减少边数可以变成多边形。当执行【圆】命令后，在测量数值框中输入边数为8并按Enter键确认，随后即可绘制出正八边形，如图4-25所示。

◎提示·◦

在测量数值框中输入数值，并不需要在框内单击以激活文本框，事实上执行命令后直接利用键盘输入数值，系统会自动将数值显示在这个测量数值框中。

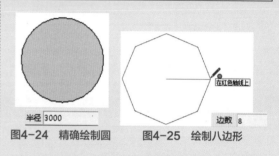

图4-24　精确绘制圆　　图4-25　绘制八边形

4.1.5　【多边形】工具

使用【多边形】工具可绘制正多边形。

前面介绍了由圆变成正多边形的绘制方法。下面介绍外接圆多边形的绘制方法。系统默认的多边形为六边形。

【例4-9】绘制正多边形

⓵ 单击【多边形】按钮●，光标变成多边形笔势。在绘图区中单击确定多边形的中心点，如图4-26所示。

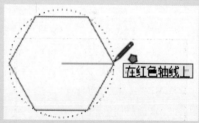

图4-26　确定多边形圆心

⓶ 按住左键不放向外拖动，以确定多边形大小，或者在测量数值框中输入精确值来确定多边形的内切圆半径，按Enter键，多边形绘制完成，如图4-27所示。

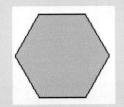

图4-27　完成多边形的绘制

4.1.6　【圆弧】工具

圆弧是圆上的某一段弧，【圆弧】工具主要用于绘制圆弧实体。SketchUp 中提供了4种圆弧的绘制工具，下面进行详解。

【例4-10】"从中心和两点"绘制圆弧

这种方式是以圆弧中心及圆弧的两个端点来确定圆弧位置和大小。

① 单击【圆弧】按钮，这时光标变成量角器笔势。在任意位置单击来确定圆弧圆心。

② 拖动光标拉长虚线可以指定圆弧半径，或者在测量数值框中输入长度值（即半径值）2000并按Enter键确认，即可确定圆弧起点，如图4-28所示。

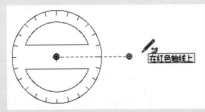

图4-28　确定圆弧圆心及半径（圆弧起点）

③ 拖动光标绘制圆弧，如果要精确控制圆弧角度，在测量数值框中输入角度值90（确定终点）并按Enter键，即可完成90°角圆弧的绘制，如图4-29所示。

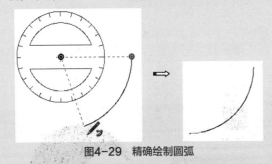

图4-29　精确绘制圆弧

【例4-11】"根据起点、终点和凸起部分"绘制相切圆弧

根据起点、终点和凸起部分来绘制两段圆弧相切的效果。

① 单击【圆弧】按钮，先任意绘制一段圆弧。

② 单击【两点圆弧】按钮，指定第一段圆弧的终点为现圆弧的起点，向上拖动光标，当预览显示为一条浅蓝色圆弧时，说明两圆弧已相切，再单击确定圆弧终点，如图4-30和图4-31所示。

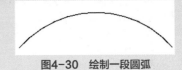

图4-30　绘制一段圆弧

图4-31　确定现圆弧的起点和终点

③ 拖动光标，当圆弧再次显示为浅蓝色时，说明已经捕捉到圆弧中点的位置，单击即可完成相切圆弧的绘制，如图4-32所示。

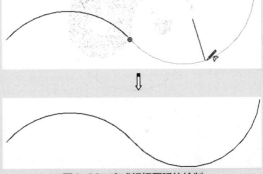

图4-32　完成相切圆弧的绘制

【例4-12】"以3点画弧"绘制圆弧

【以3点画弧】工具是依次确定圆弧起点、中点（圆弧上一点）和终点的方式来绘制圆弧，如图4-33所示。

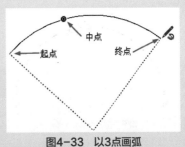

图4-33　以3点画弧

【例4-13】绘制扇形圆弧

单击【扇形】按钮，可以"以圆心和圆弧起点及终点"的方式来绘制扇形面，如图4-34所示。

绘制方法与"从中心和两点"来绘制圆弧的方法相同。

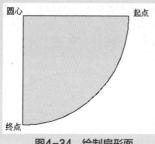

图4-34 绘制扇形面

案例——绘制太极八卦图案

本案例主要应用【直线】工具、【圆弧】工具、【圆】工具及【推/拉】工具进行模型图案的创建，如图4-35所示为效果图。

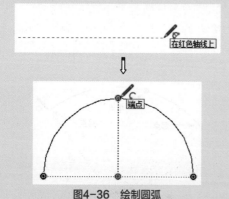

图4-35 太极八卦图效果

结果文件：\Ch04\绘制太极八卦图案.skp
视频：\Ch04\绘制太极八卦图案.wmv

01 单击【两点圆弧】按钮❼，绘制一段长为1000mm、弧高为500mm的圆弧（通过测量数值框输入精确值来绘制），如图4-36所示。

图4-36 绘制圆弧

02 继续绘制相切圆弧，其距离参数及弧高参数与第一段圆弧相同，绘制结果如图4-37所示。

03 单击【圆】按钮●，沿圆弧中心绘制一个圆面（边数为36），使其被圆弧分割成两个面，如图4-38所示。

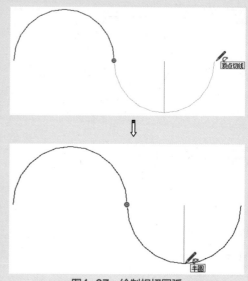

图4-37 绘制相切圆弧

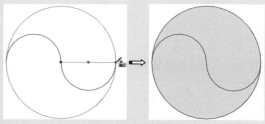

图4-38 绘制圆面

04 单击【圆】按钮●，分别在两个圆弧中心位置绘制两个半径为150mm的小圆，如图4-39所示。

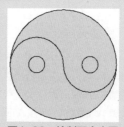

图4-39 绘制两个小圆

05 单击【材质】按钮❦，在打开的默认面板【材质】卷展栏中选择黑、白颜色来填充面，效果如图4-40所示。

图4-40 填充颜色

4.2 利用编辑工具建立基本模型

SketchUp 编辑工具包括【移动】工具、【推/拉】工具、【旋转】工具、【路径跟随】工具、【缩放】工具和【偏移】工具。如图4-41所示为包含这些编辑工具的【编辑】工具栏。编辑工具也在大工具集中。

图4-41　【编辑】工具栏

4.2.1 【移动】工具

利用【移动】工具可以创建对象的移动和复制。

【例4-14】利用移动工具复制模型

【移动】工具可以复制出单个或者多个模型，操作步骤如下。

① 打开本例源文件"树.skp"。

② 选中树模型，如图4-42所示。在大工具集中单击【移动】按钮✦，同时按住Ctrl键，这时多了一个"+"号，拖动复制出副本对象，如图4-43所示。

图4-42　选中对象

图4-43　移动复制对象

③ 继续选中模型并按住Ctrl键拖动，复制出多个副本对象，如图4-44所示。

图4-44　复制多个对象

④ 按Enter键完成移动复制操作，复制效果如图4-45所示。

图4-45　复制效果

【例4-15】复制等距模型

主要是利用测量数值框精确复制出等距模型。

① 当复制完成一个模型后，在数值输入框中输入"/10"，按Enter键结束操作，即可在源模型和副本模型之间复制出相等距离的10个模型，如图4-46和图4-47所示。

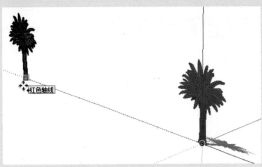

图4-46　复制出一个对象

图4-47　在区间内复制出10个副本

51

⓪② 如果在测量数值框中输入"*10"，按Enter键结束操作，即可复制出相等距离的10个副本模型，如图4-48所示。

图4-49　绘制矩形面

图4-50　拆分矩形面

⓪③ 单击【推/拉】按钮↥，选取拆分后的一个面，向上拉出150mm的距离（在测量数值框中输入150并按Enter键确认），得到第一步石阶，如图4-51所示。

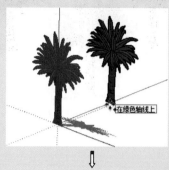

⇩

图4-48　复制相等距离的副本

◎提示·◦

　　复制同等比例模型，在创建包含多个相同项目的模型（如栅栏、桥梁和书架）时特别有用，因为柱子或横梁以等距离间隔排列。

4.2.2　【推/拉】工具

　　利用【推/拉】工具，可以将不同形状的二维平面（圆、矩形、抽象平面）推或拉成三维几何体模型。需要注意的是，这个三维几何体并非实体，内部无填充物，仅仅是封闭的曲面而已。一般来说，"推"能完成布尔减运算并创建出凹槽，"拉"可创建出凸台。

【例4-16】推/拉出几何体

　　下面以创建一个园林景观中的石阶模型为例，进行详细讲解如何推拉出三维模型。

⓪① 单击【矩形】按钮▱，在绘图区中绘制一个2400mm×1200mm矩形面，如图4-49所示。

⓪② 单击【直线】按钮✎，然后以捕捉中心点的方式拆分矩形面，如图4-50所示。

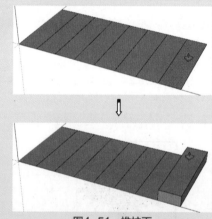

⇩

图4-51　推拉面

◎提示·◦

　　将一个面推拉一定的高度后，如果在另一个面上双击，则该面将推拉出同样的高度。

⓪④ 同理，再选择其他拆分的矩形面依次进行推拉操作，每一步的高度差为150mm，拉出所有石阶，创建石阶后将侧面的直线删除，如图4-52所示。

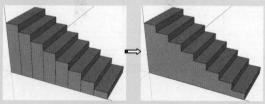

图4-52　拉出其他面

⑤ 单击【材质】按钮🎨，为石阶填充适合的材质，效果如图4-53所示。

图4-53 填充材质的效果

💬提示·。

【推/拉】工具只能在平面上进行，因此不能在"线框显示"样式下操作。

【例4-17】创建放样模型

由于SketchUp中没有"放样"工具来创建出如图4-54所示的放样几何体，因此可以利用"【移动】命令+Alt键"的方式来创建放样几何体。

下面利用【推/拉】工具和【移动】工具，创建一个放样模型。

① 单击【圆】按钮●，绘制一个半径为5000mm的圆面，如图4-55所示。

图4-54 放样几何体   图4-55 绘制圆面

② 单击【多边形】按钮●，捕捉到圆面的中心点作为圆心，绘制出半径为6000mm的正六边形，如图4-56所示。

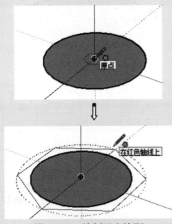

图4-56 绘制正六边形

③ 选中正六边形（不要选择正六边形面），然后

单击【移动】按钮✥，并捕捉到其圆心作为移动起点，如图4-57所示。

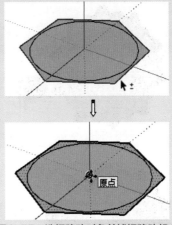

图4-57 选择移动对象并捕捉移动起点

④ 按住Alt键沿着Z轴拖动光标，可以创建出如图4-58所示的放样几何体形状。

⑤ 单击【直线】按钮✏，绘制多边形面将上方的洞口封闭，形成完整的几何体模型，如图4-59所示。

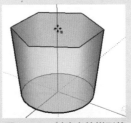 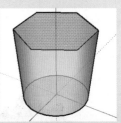

图4-58 创建出放样形状   图4-59 绘制封闭曲面

4.2.3 【旋转】工具

使用【旋转】工具，可以以任意角度来旋转截面以创建几何体对象，在旋转的同时还可以创建副本对象。

【例4-18】创建模型的旋转复制

① 打开本例源文件"中式餐桌.skp"，几何体模型如图4-60所示。

图4-60 打开的几何体模型

② 选中要旋转的模型——餐椅，然后单击【旋

转】按钮 ⟳，将量角器放置在餐桌中心点上（即确定角度顶点），如图4-61和图4-62所示。

型，如图4-65和图4-66所示。

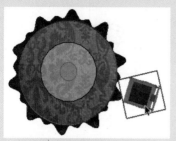

图4-61　选择要旋转的对象

图4-62　放置旋转中心

⑴ 放置量角器后向右水平拖出一条角度测量线，在合适位置单击确定测量起点后，再按住Ctrl键进行旋转，可以看到即将旋转复制的对象，如图4-63和图4-64所示。

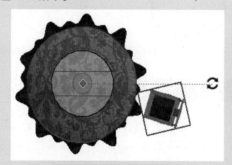

图4-63　确定角度测量起点

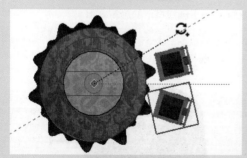

图4-64　旋转复制预览

⑷ 在测量数值框中输入角度值30并按Enter键确认，接着再输入"*12"并按Enter键确认，则表示以当前角度作为参考来复制出相等角度的12个模

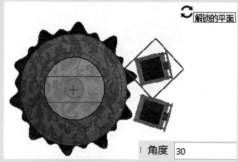

图4-65　复制第一个对象

图4-66　复制出其他对象

4.2.4　【路径跟随】工具

　　使用【路径跟随】工具，可以沿一条曲线路径扫描截面，从而创建出扫描模型。

【例4-19】创建圆环

⑴ 单击【圆】按钮●，绘制一个半径为1000mm的圆面，如图4-67所示。

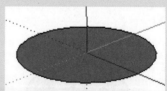

图4-67　绘制圆面

⑵ 单击【视图】工具栏中的【前视图】按钮 ⌂，切换视图到前视图。单击【圆】按钮●，在圆的象限点上绘制一个半径为200mm的小圆面，形成扫描截面，如图4-68和图4-69所示。

图4-68　指定圆心

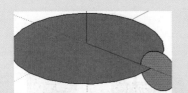

图4-69　绘制小圆面

01

02

03

04

⊙提示·•

目前SketchUp中没有切换视图的快捷键，确实绘图时会有不便之处。用户可以自定义快捷键，方法是：在菜单栏中执行【窗口】|【系统设置】命令，打开【SketchUp 系统设置】对话框。进入【快捷方式】设置选项页面，在【功能】下拉列表中找到【相机（C）/标准视图（S）/等轴视图（I）】选项，并在【添加快捷方式】文字框中输入"F2"或者按F2键后，单击⊕按钮添加快捷方式，如图4-70所示。其余的视图也按此方法依次设定为F3、F4、F5、F6、F7和F8。可以将设置的结果导出，便于重启软件后再次打开设置文件。最后单击【确定】按钮完成快捷方式的定义。

图4-70　添加快捷方式

03 先选择大圆面或选取大圆的边线（作为路径），接着单击【路径跟随】按钮 ，再选择小圆面作为扫描截面，如图4-71和图4-72所示。

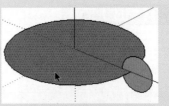

图4-71　选择扫描路径

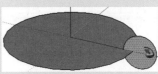

图4-72　选择扫描截面

04 随后系统自动创建出扫描几何体，然后将中间的面删除，得到的圆环效果如图4-73所示。

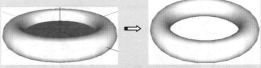

图4-73　创建的扫描几何体

【例4-20】创建球体

下面利用【路径跟随】工具来创建一个球体。

01 单击【圆】按钮 ，在默认的等轴视图中的坐标系中心点绘制一个半径为500mm的圆面，如图4-74所示。

02 按F4键切换到前视图（注意，按照前面介绍的快捷方式设置方法先设置完成才能有此功能），然后再绘制一个半径为500mm的圆面，此圆与第一个圆的圆心重合，如图4-75所示。

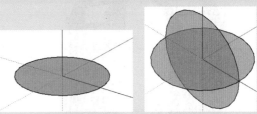

图4-74　绘制第一个圆面　图4-75　绘制第二个圆面

03 先选择第一个圆面作为扫描路径，单击【路径跟随】按钮 ，接着选择第二个圆面作为扫描截面，随后系统自动创建一个球体，如图4-76所示。

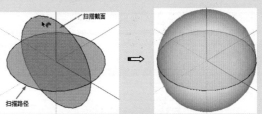

图4-76　创建球体

05

06

07

08

09

10

11

12

13

4.2.5 【缩放】工具

使用【缩放】工具，可以对模型进行等比例或非等比例缩放，配合Shift键可以切换等比例／非等比例缩放，配合Ctrl键将以中心为轴进行缩放。

【例4-21】模型的缩放

对一个凉亭模型进行缩放操作，可以自由缩放，也可按比例进行缩放，从而改变当前模型的结构。

01 打开本例源文件"凉亭.skp"。

02 框选选中全部的凉亭所属组件对象，单击【缩放】按钮，显示缩放控制框，如图4-77所示。

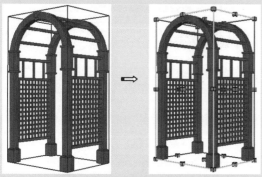

图4-77 选中要缩放的组件对象

03 在控制框中任意单击选中一个控制点，沿着轴线拖动光标进行缩放操作，如图4-78所示。

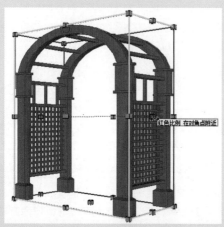

图4-78 缩放操作

04 在轴线上的某个位置单击，即可完成对象的缩放操作，如图4-79所示。

05 利用同样的方法，可以拖动其他控制点来缩放对象，最后的缩放效果如图4-80所示。

图4-79 缩放结果

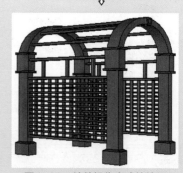

图4-80 缩放操作完成的结果

4.2.6 【偏移】工具

创建3D模型时，通常需要参考一个模型形状来绘制稍大或稍小的形状版本，并使两个形状保持等距，这称为"偏移"，【偏移】工具就是用来创建偏移的工具。

【例4-22】创建模型的偏移

01 打开本例源文件"花坛模型.skp"。如图4-81所示为打开的花坛模型。

02 单击【偏移】按钮，选择要偏移的边线，如图4-82所示。

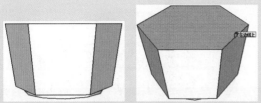

图4-81 打开的模型　　图4-82 选择边线

③ 拖动光标向里偏移复制出一个面，如图4-83所示。

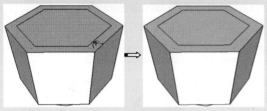

图4-83 偏移复制面

④ 单击【推/拉】按钮◈，对偏移复制的面进行推拉操作，推出一个凹槽，如图4-84所示。

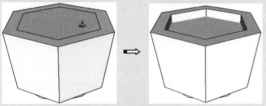

图4-84 推出凹槽形状

⑤ 单击【材质】按钮◈，对创建的花坛填充适合的材质，如图4-85所示。

图4-85 填充材质的花坛模型

案例——创建雕花图案

　　本案例将导入一张 CAD 雕花图纸，制作雕花模型，效果如图4-86所示。

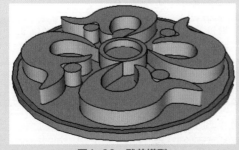

图4-86 雕花模型

源文件：\Ch04\雕花图纸.dwg
结果文件：\Ch04\创建雕花图案.skp
视频：\Ch04\创建雕花图案.wmv

① 在菜单栏中执行【文件】|【导入】命令，在"文件类型"中选择"AutoCAD文件（*.dwg，*.dxf）"，然后选择要打开的图纸文件，如图4-87和图4-88所示。

图4-87 选择图纸

图4-88 查看导入结果

② 单击　关闭　按钮，导入的图案如图4-89所示。

图4-89 导入的图案

③ 单击【直线】按钮✐，在图案内部依次绘制多条直线，以创建图案填充，如图4-90所示。

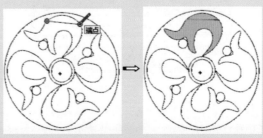

图4-90 创建图案内部的填充

04 删除绘制的直线，如图4-91所示。

05 同理，参考大圆绘制一条直线来填充大圆，然后将直线删除，效果如图4-92所示。

图4-91 绘制封闭曲线

图4-92 填充大圆

06 单击【偏移】按钮 ，将大圆向外偏移复制1000mm，如图4-93所示。

07 单击【推/拉】按钮 ，将内部花形图案和4个圆向上拉出2000mm，如图4-94所示。

图4-93 偏移复制边框线

图4-94 向上拉出几何体

08 选取大圆和偏移复制的圆，向下统一拉出1000mm的台阶，如图4-95所示。

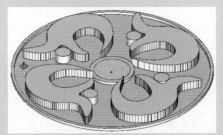

图4-95 拉出圆形台阶

09 单击【推/拉】按钮 ，将中间的两圆分别拉出2000mm和1000mm，如图4-96所示。

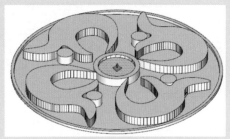

图4-96 拉出中间圆柱

10 选中模型，执行【窗口】|【柔化边线】命令，通过【柔化边线】卷展栏对边线进行柔化，结果如图4-97所示。

图4-97 柔化边线

◎提示·◎

　　创建复杂图案的封闭面时，需要读者有足够的耐心，描边时要仔细，一条线没有连接上，就无法创建一个面。遇到无法创建面的情况，可以尝试将导入的直线删掉，重新绘制并连接。

4.3 组织模型

　　在SketchUp 中经常会出现这个几何体对象与那个几何体对象之间粘连到一起的现象。为了避免这种情况发生，可以创建组件或群组，而且创建了组件或群组后，SketchUp 图层系统能有更近似AutoCAD的图层功能，提高重新作图与模型变换操作的效率。

4.3.1 创建组件

　　组件就是将场景中的多个几何体对象（指点、线、面）组合成类似于"实体"的集合。组类似于AutoCAD中的图块。使用组件可以方便地重复使用既有图面中的部分文件，其具有关联功能。在绘图区中放置组件后，其中一个组件如被修改，其他相同组件的所有副本都会同步更新，如此一来，模型内标准单元的编辑就变得简单了。

中文版SketchUp 2022完全实战技术手册

◎提示·◎

　　实体内部是有填充物的，而这个组件"实体"只是一个几何对象的集合，内部为空心，没有填充物。也可以将独立几何体对象与组件一起再组合成组件。

　　将几何对象转为组件时，几何组件具有以下行为与功能。

■　组件是可重复使用的。
■　组件几何体与其当前连接的几何体是分离的（这类似于群组）。
■　无论何时编辑组件，都可以编辑组件实例或定义。
■　可以使组件粘贴到特定平面（通过设置其粘合平面）或在面上切割一个孔（通过设置其切割平面）。
■　可以将元数据（例如高级属性和IFC分类类型）与组件相关联。对象分类引入了分类系统以及如何将其与SketchUp组件一起使用。

◎提示·◎

　　在创建组件之前，确保组件与绘图轴对齐并以打算使用该组件的方式连接到其他几何体。如果希望组件具有胶合平面或切割平面，则此问题尤为重要，因为此上下文可确保组件以用户期望的方式粘贴到平面或切割面。例如，确保沙发的腿在水平面上。除非需要在地板上设置窗户或门，否则应在与蓝色轴垂直对齐的墙上创建窗户或门组件。

【例4-23】创建组件

01　打开本例源文件"盆栽.skp"，打开的盆栽模型如图4-98所示。
02　单击【选择】按钮，框选模型中所有对象，如图4-99所示。

图4-98　盆栽模型　　图4-99　框选所有对象

03　在大工具集中单击【制作组件】按钮，弹出【创建组件】对话框，如图4-100所示。
04　在【创建组件】对话框中输入名称，如图4-101所示。

图4-100　【创建组件】　　图4-101　输入名称
　　　　　对话框

05　单击　创建　按钮，即可创建一个盆栽组件，如图4-102所示。

图4-102　创建盆栽组件

◎提示·◎

　　当场景中没有选中的模型时，制作组件工具呈灰色状态，即不可使用。必须是场景中有模型需要操作，制作组件工具才会被启用。

4.3.2　创建群组

　　群组工具可将多个组件或者组件与几何体组织成一个整体。群组与组件类似。
　　群组可以迅速创建，并且能够内部编辑。群组也可以嵌套，更可以在其他群组或组件内进行编辑。
　　群组有以下优点。
■　快速选择：选择一个群组时，群组内所有的元素都将被选中。
■　几何体隔离：编组可以使群组内的几何体和模

型的其他几何体分隔开，这意味着不会被其他几何体修改。

- 有助于组织模型：可以把几个群组再编为一个组，创建一个分层级的群组。
- 改善性能：用群组来划分模型，可以使SketchUp更有效地利用计算机资源。意味着更快的绘图和显示操作。
- 组的材质：分配给群组的材质会由群组内使用默认材质的几何体继承，而指定了其他材质的几何体则保持不变。这样就可以快速给某些特定的表面上色（炸开群组，可以保留替换了的材质）。

创建群组的过程非常简单：在图形区内将要创建群组的对象（包括组件、群组或几何体）框选选中，再执行菜单栏中的【编辑】|【创建群组】命令，或者在图形区右击并执行【创建群组】命令，即可创建群组。

4.3.3 组件、群组的编辑和操作

当创建组件或群组后，可以进行编辑、炸开或分离操作。

1.编辑组件或群组

当集合对象为组件时，可以选中该对象，右击并执行【编辑组件】命令，或者直接双击组件，即可进入组件编辑状态，如图4-103所示。

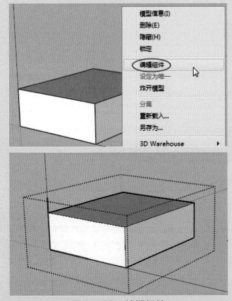

图4-103　编辑组件

在编辑状态下，可以对几何体对象进行变换操作、应用材质和贴图及模型编辑等。与创建组件之前的操作是完全相同的。

同理，当集合对象为群组时，也可以编辑群组对象，操作过程与组件是完全相同的，如图4-104所示。

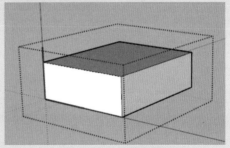

图4-104　编辑群组

2.炸开与分离

如果不需要组件或群组了，可以右击组件或群组对象并执行【炸开模型】命令，可撤销组件或群组。

解除黏接是针对于组件而言的，当一个几何体进行操作时会影响其内部的组件时，可以将内部的这个组件分离出去。操作步骤如下。

【例4-24】炸开与解除黏接操作

01 单击【圆】按钮，绘制一个圆，接着在内部绘制一个小圆，如图4-105所示。

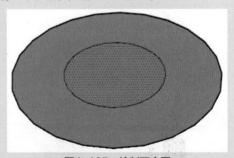

图4-105　绘制两个圆

02 双击（注意不是单击）内部的小圆，然后右击并执行【创建组件】命令，将小圆单独创建为组件（实际上包含了圆和内部的圆面），如图4-106所示。

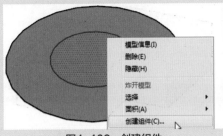

图4-106 创建组件

03 创建组件后，会发现当移动大圆时，小圆会一起移动，如图4-107所示。

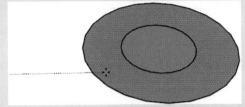

图4-107 移动大圆时小圆会跟随

04 此时选中小圆组件，右击并执行【炸开模型】命令或【解除黏接】命令，移除组件关系，如图4-108所示。

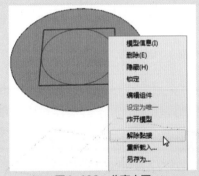

图4-108 分离小圆

05 移动大圆而小圆不会跟随，如图4-109所示。

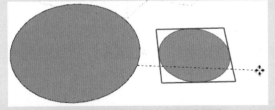

图4-109 移动大圆时小圆不会跟随

4.4 模型的布尔运算工具

SketchUp 布尔运算工具仅用于"实体"，SketchUp 的"实体"指的是任何具有有限封闭体积的3D模型（组件或组），实体不能有任何裂缝（平面缺失或平面间存在缝隙）。

默认情况下，利用【绘图】工具栏和【编辑】工具栏中的命令来建立的几何体对象，仅仅是一个封闭的面组，还谈不上实体。例如，利用【圆】工具和【推/拉】工具建立的圆柱体，实际上是由三个面连接而成的模型，每个面都是独立的，也是可以单独删除的。若要变成实体，只需要将这些面合并成"组件"或者"群组"的形式，如图4-110所示。

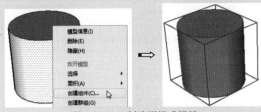

图4-110 创建群组或组件

> ◎提示·◎
>
> "组件"是多个群组的集合体，等同于"部件"或"零件"。"群组"是SketchUp 中多个几何对象的集合体，等同于"几何体特征"，而点、线及面则称为"几何对象"。

"实体工具"是用于实体之间的布尔运算工具。实体工具包括【实体外壳】工具、【相交】工具、【联合】工具、【减去】工具、【剪辑】工具和【拆分】工具。如图4-111所示为【实体工具】工具栏。

图4-111 【实体工具】工具栏

4.4.1 【实体外壳】工具

【实体外壳】工具用于删除和清除位于交叠组或组件内部的几何图形（保留所有外表面）。

【例4-25】创建实体外壳

01 利用【圆】工具和【推/拉】工具绘制两个矩形体，并先后创建为组件，如图4-112所示。

02 单击【实体外壳】按钮，选择第一个组件实体，接着再选择第二个组件实体，如图4-113所示。

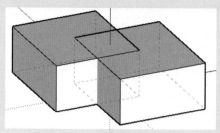

图4-112　创建两个组件实体

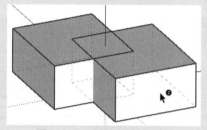

图4-113　选择两个组件实体

03 随后自动创建包容两个实体的外壳，如图4-114所示。

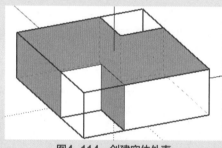

图4-114　创建实体外壳

◎提示·◦

　　如果将光标放在组以外，指针会变成带有圆圈和斜线的箭头 ↖°；如果将指针放在组内，指针会变成带有数字的箭头 ↖。

4.4.2　【相交】工具

　　相交是指某一组或组件与另一组或组件相交或交迭的几何图形，【相交】工具可以对一个或多个相交组或组件执行相交，从而产生相交的几何图形。

【例4-26】创建相交

01 同样以两个矩形实体组件为例，在"后边线"样式下进行操作，如图4-115所示。

02 单击【相交】按钮 ▣，选择第一个组件实体，接着再选择第二个组件实体，随后自动创建相交部分实体，如图4-116所示。

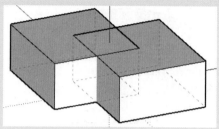

图4-115　两个实体组件

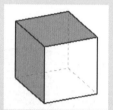

图4-116　实体相交结果

4.4.3　【联合】工具

　　联合是指将两个或多个实体体积合并为一个实体体积。联合的结果类似于实体外壳的结果，不过，联合的结果可以包含内部几何，而实体外壳的结果只能包含外部表面。

【例4-27】创建联合

01 同样以两个矩形实体组件为例，在"后边线"样式下进行操作，如图4-117所示。

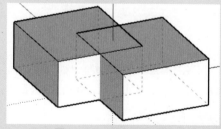

图4-117　两个实体组件

02 单击【联合】按钮 ▣，选择第一个组件实体，接着再选择第二个组件实体，随后两个实体组件自动合并为一个完整实体组件，如图4-118所示。

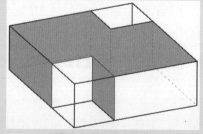

图4-118　联合结果

中文版SketchUp 2022完全实战技术手册

4.4.4 【减去】工具

减去指将一个组或组件的交迭几何图形与另一个组或组件的几何图形进行合并，然后从结果中删除第一个组或组件。【减少】工具只能对两个交迭的组或组件执行减去，所产生的减去效果还要取决于组或组件的选择顺序。

【例4-28】创建减去

01 同样以两个矩形实体组件为例，在"后边线"样式下进行操作，如图4-119所示。

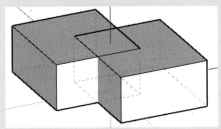

图4-119 两个组件实体

02 单击【减去】按钮🔲，选择第一个组件实体（作为被减去部分），接着再选择第二个组件实体（作为主体对象），随后自动完成减去，如图4-120所示。

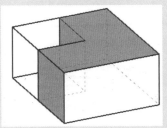

图4-120 减去结果

4.4.5 【剪辑】工具

【剪辑】工具可将一个组或组件的交迭几何图形与另一个组或组件的几何图形进行合并，只能对两个交迭的组或组件执行剪辑。与减去功能不同的是，第一个组或组件会保留在剪辑的结果中，所产生的剪辑结果还要取决于组或组件的选择顺序。

【例4-29】创建剪辑

01 同样以两个矩形实体组件为例，在"后边线"样式下进行操作，如图4-121所示。

02 单击【剪辑】按钮🔲，选择第一个组件实体（作为被剪辑对象），接着再选择第二个组件实体（作

为主体对象），随后自动完成剪辑，如图4-122所示。

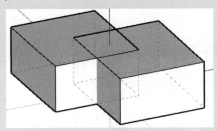

图4-121 两个组件实体

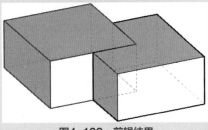

图4-122 剪辑结果

4.4.6 【拆分】工具

利用【拆分】工具，可将交迭的几何对象拆分为三个部分。

【例4-30】创建拆分

01 同样以两个矩形实体组件为例，在"后边线"样式下进行操作，如图4-123所示。

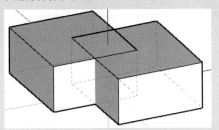

图4-123 两个组件实体

02 单击【拆分】按钮🔲，选择第一个组件实体，接着再选择第二个组件实体，随后自动完成拆分，结果如图4-124所示。

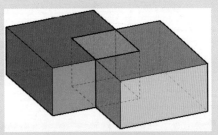

图4-124 拆分结果

案例——创建圆弧镂空墙体

本案例主要应用【绘图】工具、【实体】工具创建镂空墙体模型，如图4-125所示为效果图。

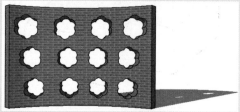

图4-125　圆弧镂空墙体

结果文件：\Ch04\创建圆弧镂空墙体.skp

视频：\Ch04\创建圆弧镂空墙体.wmv

01 单击【两点圆弧】按钮 ⊘，绘制一段长为5000mm、凸出部分为1000mm的圆弧，如图4-126所示。

图4-126　绘制圆弧

02 继续绘制另一段圆弧并与之相连，如图4-127所示。

图4-127　绘制第二条圆弧

03 单击【直线】按钮 ✏，绘制两条直线打断面，且将多余的面删除，如图4-128和图4-129所示。

图4-128　绘制打断直线

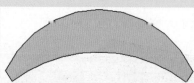

图4-129　删除多余面

04 单击【推/拉】按钮 ◆，将圆弧面向上拉出3000mm，形成圆弧墙体，如图4-130所示。

05 单击【圆】按钮 ●，绘制一个半径为300mm的圆面，如图4-131所示。

图4-130　拉出墙体　　图4-131　绘制圆面

06 单击【两点圆弧】按钮 ⊘，沿圆面边缘绘制圆弧并与之相连，然后利用【旋转】工具将圆弧进行旋转复制，如图4-132和图4-133所示。

图4-132　绘制圆弧　　图4-133　旋转复制圆弧

07 单击【擦除】按钮 ◢，将圆面删除，如图4-134所示。

图4-134　擦除多余面

08 单击【推/拉】按钮 ◆，将形状推长1500mm，如图4-135所示。

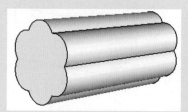

图4-135　推出几何体

09 将墙体和形状分别选中，创建群组，如图4-136和图4-137所示。

图4-136　创建墙体群组　　图4-137　创建形状群组

10 单击【移动】按钮 ✥，将形状群组移到墙体上，如图4-138所示。

中文版SketchUp 2022完全实战技术手册

⑪ 继续单击【移动】按钮❖，按住Ctrl键不放，复制形状，如图4-139所示。

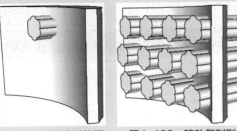

图4-138 移动形状群 　　图4-139 移动复制形状
　　　组到墙体上

⑫ 单击【缩放】按钮🔲，对复制的形状进行缩放，如图4-140所示。

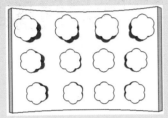

图4-140 创建形状的缩放

⑬ 单击【减去】按钮🔲，选择第一个形状群组，如图4-141所示。

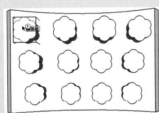

图4-141 选择第一个形状群组

⑭ 再选择第二个形状群组，如图4-142所示。

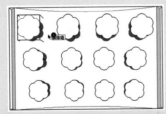

图4-142 选择第二个形状群组

⑮ 两个实体产生的减去效果如图4-143所示。

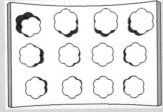

图4-143 减去效果

⑯ 利用同样的方法，依次对墙体和形状进行减去操作，形成镂空墙体，如图4-144所示。

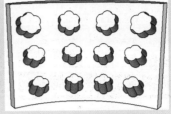

图4-144 减去其他群组

⑰ 对镂空墙体填充适合的材质，如图4-145所示。

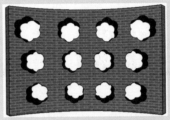

图4-145 填充材质的效果

4.5 照片匹配建模

照片匹配功能能将照片与模型相匹配，创建出外形简易的模型。在菜单栏中执行【窗口】|【默认面板】|【照片匹配】命令，在默认面板区域中显示【照片匹配】卷展栏，如图4-146所示。

案例——照片匹配建模

下面以一张简单的建筑照片为例，进行照片匹配建模的操作。

源文件：\Ch04\建筑照片.jpg

结果文件：\Ch04\照片匹配建模.skp

视频文件：\Ch04\照片匹配建模.wmv

① 在默认面板【照片匹配】卷展栏中单击➕按钮，导入网盘中的照片，在本例源文件夹中打开"照片.jpg"图像文件，如图4-147所示。

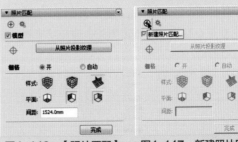

图4-146 【照片匹配】　图4-147 新建照片匹配
　　　卷展栏

02 调整红绿色轴4个控制点，右击并执行【完成】命令，光标变成一支笔，如图4-148所示。

图4-148

03 绘制模型轮廓，使其形成一个面，如图4-149所示。

◎技巧·◎

　　封闭的曲线绘制后会自动创建一个面来填充封闭曲线。

图4-149　绘制封闭轮廓

04 在【照片匹配】卷展栏中单击 从照片投影纹理 按钮，将纹理投射到模型上，选择场景左上方的【照片】标签，右击并执行【删除】命令，将照片删除，如图4-150所示。

图4-150　删除照片

05 单击【直线】按钮，将面进行封闭，这样就形成了一个简单的照片匹配模型，如图4-151所示。

图4-151　绘制封闭曲线

◎提示·◎

　　调整红绿色轴的方法是分别平行该面的上水平沿和下水平沿（当然在画面中不是水平的，但在空间中是水平的，表示与大地平行），然后用绿色的虚线界定另一个与该面垂直的面，同样是平行于该面的上下水平沿。此时能看到蓝线（即Z轴）垂直于画面中的地面，另外绿线与红线在空间中互相垂直形成了xy平面。

4.6　模型的柔化边线处理

　　柔化边线，主要是指线与线之间的距离，拖动滑块调整角度大小，角度越大，边线越平滑，【平滑法线】复选框可以使边线平滑，【软化共面】复选框可以使边线软化。

　　默认面板【柔化边线】卷展栏显示柔化边线选项，如图4-152所示。

图4-152　【柔化边线】卷展栏

案例——创建雕塑柔化边线效果

源文件：\Ch04\雕塑.skp

结果文件：\Ch04\创建雕塑柔化边线效果.skp

视频：\Ch04\创建雕塑柔化边线效果.wmv

本例主要应用了柔化边线设置功能，对一个景观小品雕塑的边线进行柔化，如图4-153所示为效果图。

图4-153　雕塑柔化边线效果

01 打开雕塑模型。选中模型，使【柔化边线】卷展栏中的选项变为可用状态，如图4-154所示。

图4-154　打开模型并选中模型

02 在【柔化边线】管理器中调整滑块，对边线进行柔化，如图4-155所示。

图4-155　柔化边线

03 勾选【软化共面】复选框，调整后的平滑边线和软化共面效果如图4-156所示。

图4-156　软化共面

◉提示·◦·

【柔化边线】管理器，需选中模型才会启用，不选中则以灰色状态显示。

4.7　建模综合案例

下面以几个典型案例来详细讲解SketchUp 基本绘图功能的应用。

4.7.1　案例——绘制吊灯

本案例主要应用【圆】工具、【推拉】工具、【偏移】工具、【移动】工具来创建模型。

结果文件：\Ch04\绘制吊灯.skp

视频：\Ch04\绘制吊灯.wmv

01 单击【圆】按钮 ，在绘图区中绘制一个半径为500mm的圆，如图4-157所示。

图4-157　绘制圆

02 单击【推拉】按钮 ，向上推拉20mm，如图4-158所示。

图4-158　拉出圆柱

③ 单击【偏移】按钮 🔘，向内偏移复制50mm，如图4-159所示。

图4-159 偏移复制圆

④ 单击【推拉】按钮 ◆，向下推拉10mm形成台阶，如图4-160所示。

图4-160 向下拉出台阶

⑤ 单击【圆】按钮 ●，绘制半径为50mm的圆，单击【推拉】按钮 ◆，向下推拉50mm，生成小圆柱，如图4-161和图4-162所示。

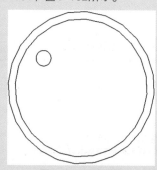

图4-161 绘制圆

图4-162 拉出小圆柱

⑥ 单击【偏移】按钮 🔘，向内偏移复制45mm，单击【推拉】按钮 ◆，向下推拉300mm，如图4-163所示。

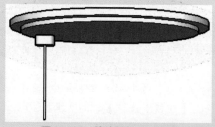

图4-163 偏移圆并拉出圆柱

⑦ 单击【偏移】按钮 🔘，将面向外偏移复制80mm，单击【推拉】按钮 ◆，向下推拉100mm，如图4-164和图4-165所示。选中模型，在菜单栏中执行【编辑】|【创建群组】命令，创建群组对象，如图4-166所示。

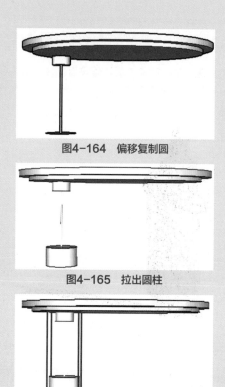

图4-164 偏移复制圆

图4-165 拉出圆柱

图4-166 创建群组

⑧ 单击【移动】按钮 ✦，按住Ctrl键不放，进行复制群组操作，如图4-167和图4-168所示。

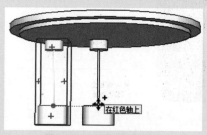

图4-167 移动复制群组

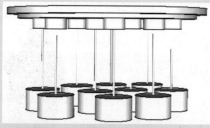

图4-168 复制多个群组的结果

⑨ 单击【缩放】按钮 ▣，对复制的吊灯进行不同程度的缩放，使其突出层次感，如图4-169和图4-170所示。

⑩ 单击【材质】按钮 🎨，为制作的吊灯添加一种适合的材质，双击群组填充材质，如图4-171~图4-173所示。

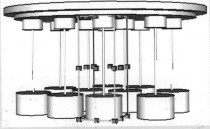

图4-169 缩放单个群组对象

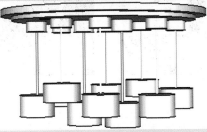

图4-170 不同比例的缩放

图4-171 选择材质

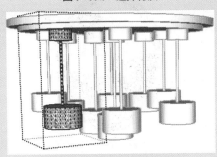

图4-172 添加材质到群组中

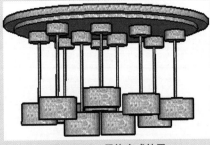

图4-173 最终完成效果

4.7.2 案例——绘制古典装饰画

本案例主要应用【圆】工具、【缩放】工具、【推拉】工具及【偏移】工具，并导入图片来完成创建模型。

源文件：\Ch04\古典美女图片.bmp

结果文件：\Ch04\绘制古典装饰画.skp

视频：\Ch04\绘制古典装饰画.wmv

01 击【圆】按钮●，在绘图区中绘制一个圆，如图4-174所示。

02 单击【缩放】按钮■，对圆进行缩放成椭圆，如图4-175所示。

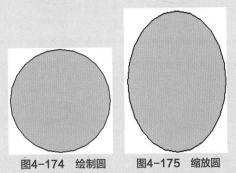

图4-174 绘制圆　　　图4-175 缩放圆

03 单击【推/拉】按钮◆，向上推拉50mm，如图4-176所示。

图4-176 向上拉出圆柱

04 单击【偏移】按钮◈，将面向内偏移复制50mm，如图4-177所示。

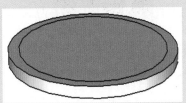

图4-177 偏移复制圆

05 单击【推拉】按钮◆，向下推出30mm的凹槽，如图4-178所示。

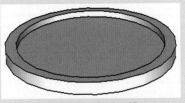

图4-178 推出凹槽

06 单击【两点圆弧】按钮❷，在顶上方绘制一段圆弧，如图4-179所示。

07 单击【偏移】按钮❸，将面向外进行适当偏移复制，如图4-180所示。

11 右击图片并执行【分解】命令，将图片炸开，如图4-184所示。

12 选中多余的部分，将边线面进行删除，如图4-185和图4-186所示。

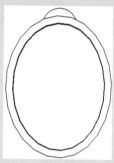 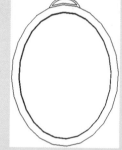

图4-179 绘制圆弧　图4-180 偏移复制圆弧

08 将中间的面进行删除，如图4-181所示。

09 单击【推拉】按钮❤，向外推拉出形状，效果如图4-182所示。

图4-184 分解图片　图4-185 删除多余的图片

13 将边框填充一种适合的材质，装饰画效果如图4-187所示。

图4-181 删除中间的面　图4-182 向外推拉出形状

10 执行【文件】|【导入】命令，导入古典美女图片，放在框内并调整位置，如图4-183所示。

图4-186 删除多余图片的结果

图4-183 导入图片调整图片位置

图4-187 填充边框材质

第5章
建筑小品构件设计

本章主要介绍在SketchUp 中进行常见的建筑、园林、景观等小品构件的结构设计和软件功能应用技巧。

知 识 要 点

- 建筑单体构件设计
- 园林水景构件设计
- 园林植物造景构件设计

- 园林景观设施构件设计
- 园林景观提示牌构件设计

5.1 建筑单体构件设计

本节以实例的方式讲解SketchUp 建筑单体构件设计的方法，包括创建建筑凸窗、花形窗户、小房子，如图5-1和图5-2所示为常见的建筑窗户和小房屋设计的效果图。

图5-1 建筑窗户　　图5-2 房子模式

案例——创建建筑凸窗

本例利用大工具集中的绘图工具制作建筑凸窗，如图5-3所示为效果图。

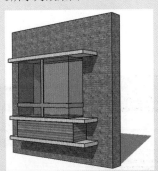

图5-3 建筑凸窗效果

结果文件：创建建筑凸窗.skp
视频：创建建筑凸窗.wmv

01 单击【矩形】按钮，绘制一个长宽都为5000mm的矩形，如图5-4所示。

02 单击【推／拉】按钮，推拉500mm，效果如图5-5所示。

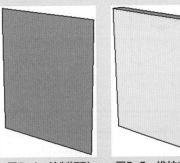

图5-4 绘制矩形　　图5-5 推拉出形状

03 单击【矩形】按钮，绘制一个长为2500mm，宽为2000mm的矩形，如图5-6所示。

04 单击【推／拉】按钮，向里推500mm，如图5-7所示。

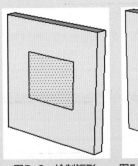
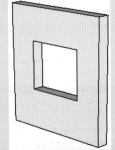

图5-6 绘制矩形　　图5-7 绘制推拉形成孔洞

05 单击【直线】按钮，参考孔洞绘制一个封闭面，单击【推／拉】按钮，向外拉600mm，如图5-8和图5-9所示。

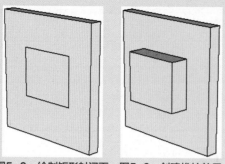

图5-8 绘制矩形封闭面　图5-9 创建推拉效果

06 利用【矩形】工具▦和【推/拉】工具♨，绘制出如图5-10所示的矩形块（向外推700mm）。

07 选中矩形块的所有面，再执行【编辑】|【创建群组】命令，创建群组，以便于做整体操作，如图5-11所示。

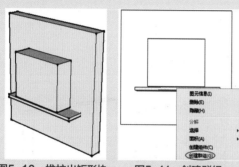

图5-10 推拉出矩形块　　图5-11 创建群组

08 单击【移动】按钮✛，按住Ctrl键不放，将矩形块群组竖直向下及向上进行复制，如图5-12所示。

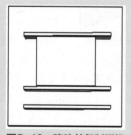

图5-12 移动并复制群组

09 单击【矩形】按钮▦，在墙面上绘制相互垂直的两个矩形面，如图5-13~图5-15所示。

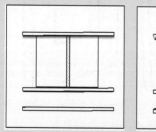
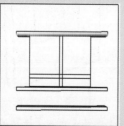

图5-13 绘制矩形1　　图5-14 绘制矩形2

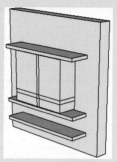

图5-15 侧面效果

10 单击【推/拉】按钮♨，将两个矩形面向外推拉25mm，如图5-16所示。

图5-16 推拉两个矩形面

11 单击【矩形】按钮▦，在窗体上绘制矩形面，单击【推/拉】按钮♨并向外拉，如图5-17和图5-18所示。

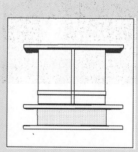
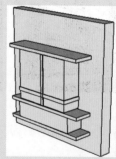

图5-17 绘制矩形　　图5-18 推拉矩形面

12 在【材质】卷展栏中，选择适合的玻璃材质进行填充，如图5-19和图5-20所示。

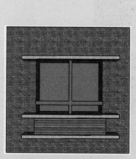
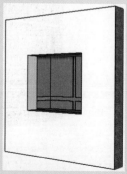

图5-19 填充材质　　图5-20 背面效果

案例——创建花形窗户

本例利用大工具集中的绘图工具制作花形窗户，如图5-21所示为效果图。

图5-21 花形窗户

结果文件：创建花形窗户.skp

视频：创建花形窗户.wmv

01 利用【直线】按钮 和【两点圆弧】按钮 ，绘制两条长度各为200mm的线段，与半径为500mm的圆弧相连，如图5-22所示。绘制方法是：先在参考轴的一侧绘制一条直线，然后将其旋转复制到参考轴的另一侧，最后绘制连接弧。

图5-22 绘制并连接直线与圆弧

02 依次画出其他相等的三边形状。方法是：利用【旋转】和【移动】工具，先旋转复制，再平移到相应位置，如图5-23所示。曲线形成完全封闭后会自动创建一个填充面。

03 选中形状面，单击【偏移】按钮 ，向里偏移复制三次，偏移距离均为50mm，如图5-24所示。

图5-23 完成封闭曲线的绘制 图5-24 偏移面

04 单击【圆】按钮 ，绘制一个半径为50mm的圆，如图5-25所示。

05 单击【偏移】按钮 ，向外偏移复制15mm，如图5-26所示。

图5-25 绘制圆 图5-26 偏移圆

06 单击【直线】按钮 ，连接出如图5-27所示的形状。

图5-27 绘制连接直线

07 单击【推/拉】按钮 ，向外推拉60mm，结果如图5-28所示。接着向里推拉60mm，结果如图5-29所示。最后再向里推拉30mm，结果如图5-30所示。

图5-28 向外 图5-29 向里 图5-30 再向
推拉60mm 推拉60mm 里推拉30mm

08 单击【推/拉】按钮 ，将圆和连接的面分别向外拉20mm，如图5-31所示。填充适合的材质，效果如图5-32所示。

图5-31 推拉内部的形状 图5-32 最终的效果

案例——创建小房子

本例主要利用大工具集中的绘图工具制作一个小房子模型，如图5-33所示为效果图。

图5-33

结果文件：创建小房子.skp

视频：创建小房子.wmv

01 单击【矩形】按钮 ，绘制一个长为5000mm，宽为6000mm的矩形，如图5-34所示。

02 单击【推/拉】按钮 ，将矩形向上推拉出3000mm，如图5-35所示。

图5-34 绘制矩形

图5-35 推拉出矩形块

03 单击【直线】按钮 ∠，在顶面捕捉绘制一条中心线，如图5-36所示。

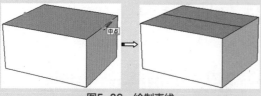

图5-36 绘制直线

04 单击【移动】按钮 ✥，向蓝色轴方向垂直移动，移动距离为2500mm，得到的结果如图5-37所示。

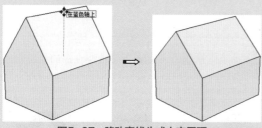

图5-37 移动直线生成人字屋顶

05 单击【推/拉】按钮 ♣，选中房顶两面往外拉，距离为200mm，拉出一定的厚度，如图5-38所示。

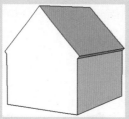

图5-38 推拉屋顶面

06 单击【推/拉】按钮 ♣，对房子立体两面往里推，距离为200mm，如图5-39所示。

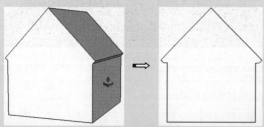

图5-39 推拉墙面

07 按住Ctrl键选择房顶两条边，单击【偏移】按钮 ⌗，向里偏移复制200mm，如图5-40所示。

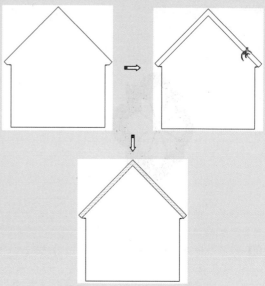

图5-40 偏移复制屋顶边

08 单击【推/拉】按钮 ♣，对偏移复制面向外拉，距离为400mm，如图5-41所示。

09 利用同样的方法将另一面进行偏移复制和推拉，如图5-42所示。

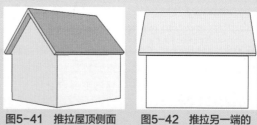

图5-41 推拉屋顶侧面　　　图5-42 推拉另一端的屋顶侧面

10 选中房底部的一条直线，右击执行【拆分】命令，将直线拆分为三段，如图5-43所示。

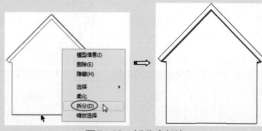

图5-43 拆分底部边

11 单击【直线】按钮 ∠，绘制高为2500mm的门，如图5-44所示。

12 单击【推/拉】按钮 ♣，将门向里推200mm，然后删除面，即可看到房子的内部空间，如图5-45所示。

13 单击【圆】按钮 ●，分别在房体两个平面上画圆，半径均为600mm，如图5-46所示。

中文版SketchUp 2022完全实战技术手册

图5-44 绘制门

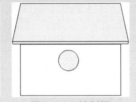

图5-45 推拉出门洞　　　图5-46 绘制圆

⑭ 单击【偏移】按钮🖉，向外偏移复制50mm，如图5-47所示。

⑮ 单击【推/拉】按钮🖉，向外拉50mm，形成窗框，如图5-48所示。

图5-47 偏移复制圆　　图5-48 推拉出窗框

⑯ 切换到俯视图。单击【矩形】按钮▩，绘制一个大的地形面，如图5-49所示。

⑰ 填充适合的材质，并添加一个门组件，如图5-50所示。

图5-49 绘制地形面　　　图5-50 添加材质

⑱ 添加人物、植物组件，如图5-51所示。

图5-51 添加组件

5.2 园林水景构件设计

本节以实例的方式讲解SketchUp 园林水景构件设计的方法，包括创建喷水池、花瓣喷泉、石头。如图5-52和图5-53所示为常见的园林水景设计的真实效果图。

图5-52 园林水景一

图5-53 园林水景二

案例——创建花瓣喷泉

本例主要利用大工具集中的绘图工具制作一个花瓣喷泉，如图5-54所示为效果图。

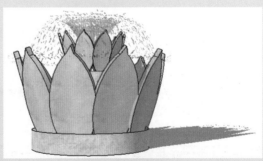

图5-54 花瓣喷泉

结果文件：创建花瓣喷泉.skp

视频：创建花瓣喷泉.wmv

① 分别单击【两点圆弧】按钮◢和【直线】按钮✎，绘制圆弧和直线，绘制花瓣形状，如图5-55所示。

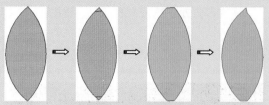

图5-55 绘制花瓣形状

② 单击【圆】按钮●，绘制一个圆，如图5-56所示。然后将花瓣形状移到圆面上，如图5-57所示。

图5-56 绘制圆   **图5-57 移动花瓣**

③ 将花瓣形状创建群组，单击【旋转】按钮⟳，旋转一定角度，如图5-58所示。

④ 单击【推/拉】按钮⬢，推拉出花瓣形状，如图5-59所示。

图5-58 旋转群组   **图5-59 推拉花瓣形状**

⑤ 单击【旋转】按钮⟳，按住Ctrl键不放，沿圆中心点旋转复制，如图5-60所示。

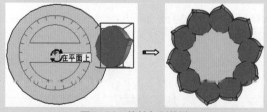

图5-60 旋转复制花瓣

⑥ 单击【推/拉】按钮⬢，推拉圆面，如图5-61所示。再单击【偏移】按钮◔，偏移复制面，如图5-62所示。

⑦ 单击【推/拉】按钮⬢，推拉出圆柱，如图5-63所示。

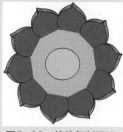

图5-61 推拉圆面   **图5-62 偏移复制圆面**

⑧ 单击【偏移】按钮◔和【推/拉】按钮⬢，在圆柱面上向下推拉出一个洞口，如图5-64所示。

图5-63 推拉出圆柱   **图5-64 创建洞口**

⑨ 缩放并复制花瓣，单击【移动】按钮✥，并在圆柱面上调整其位置，如图5-65所示。

⑩ 填充材质，再导入水组件，如图5-66所示。

图5-65 复制出花瓣   **图5-66 导入水组件**

案例——创建石头

本例主要利用大工具集中的绘图工具和插件工具创建石头模型，如图5-67所示为效果图。

图5-67 石头效果图

结果文件：创建石头.skp

视频：创建石头.wmv

① 单击【矩形】按钮▭，绘制矩形面，然后单击【推/拉】按钮⬢，推拉矩形，如图5-68所示。

② 打开细分光滑插件（Subdivide And Smooth），

中文版SketchUp 2022完全实战技术手册

单击【细分光滑】按钮，细分模型，如图5-69和图5-70所示。

◎技巧·◎

　　Subdivide And Smooth插件在本例源文件夹Subdivide AndSmooth v.1.0中。此插件的安装方法是，复制Subdivide AndSmooth v.1.0文件夹中的Subsmooth文件夹和subsmooth_loader.rb文件，粘贴到C：\Users\Administrator\AppData\Roaming\SketchUp\SketchUp2022\SketchUp\Plugins文件夹中，然后重启SketchUp 。

图5-68　绘制矩形并推拉

图5-69　设置细分参数

图5-70　细分结果

03 执行【视图】|【隐藏物体】命令，显示虚线，如图5-71所示。

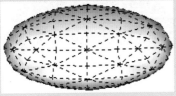

图5-71　隐藏物体

04 单击【移动】按钮，移动节点，做出石头形状，如图5-72所示。

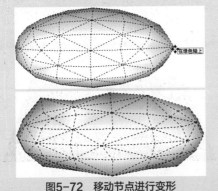

图5-72　移动节点进行变形

05 取消显示虚线，在【材质】卷展栏填充材质，如图5-73所示。

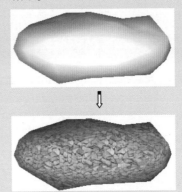

图5-73　填充材质

06 单击【缩放】按钮和【移动】按钮，进行自由缩放和复制石头。通过【组件】卷展栏中的组件工具添加一些植物组件，最终完成效果如图5-74所示。

图5-74　最终石头效果

案例——创建汀步

　　本例主要应用绘图工具和插件工具创建水池和草丛中的汀步模型，如图5-75所示为效果图。

图5-75　汀步效果

结果文件：创建汀步.skp

视频：创建汀步.wmv

01 单击【矩形】按钮，绘制一个长宽分别为5000mm和4000mm的矩形面，如图5-76所示。

02 单击【圆】按钮，绘制一个圆，如图5-77所示。

03 单击【两点圆弧】按钮，绘制一段圆弧相接，然后利用【旋转】工具进行旋转复制，旋转角度为45°，旋转复制7次，结果如图5-78所示。

图5-76　绘制矩形　　　　图5-77　绘制圆

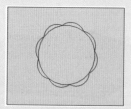

图5-78　绘制并旋转复制圆弧

04 单击【擦除】按钮🩹，将多余的线擦掉，形成花形水池面，如图5-79所示。

05 单击【偏移】按钮🗂，向里偏移一定距离，且单击【推/拉】按钮🥄，分别向上推拉100mm和向下推拉200mm，如图5-80和图5-81所示。

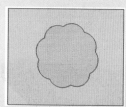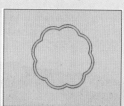

图5-79　擦除多余线　　　图5-80　偏移曲线

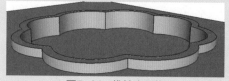

图5-81　推拉出形状

06 在【材质】卷展栏中为水池底面填充石子材质，如图5-82所示。

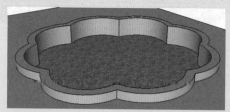

图5-82　填充材质

07 单击【移动】按钮✥，按Ctrl键将石子面向上复制，并填充水纹材质，如图5-83所示。

08 单击【手绘线】按钮∿，任意在水池面和地面绘制曲线面，如图5-84所示。

09 单击【推/拉】按钮🥄，将水池中的曲线面，分别向上和向下推拉，如图5-85所示。

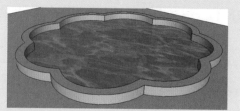

图5-83　复制出水体

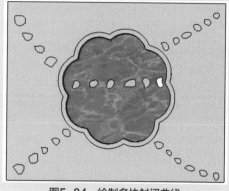

图5-84　绘制多块封闭曲线

图5-85　推拉出水体中的汀步

10 继续单击【推/拉】按钮🥄，推拉地面上的曲线面，如图5-86所示。

图5-86　推拉地面上的汀步

11 为水池、地面、汀步填充材质，如图5-87和图5-88所示。

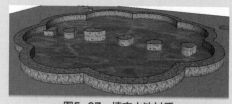

图5-87　填充水池材质

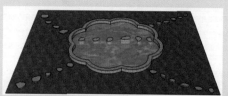

图5-88　填充地面及汀步

⑫ 在汀步的周围添加植物、花草、人物组件，如图5-89所示。

图5-89 最终的效果

5.3 园林植物造景构件设计

本节以实例的方式讲解SketchUp 园林植物造景构件设计的方法，包括创建二维仿真树木组件、冰棒树、树凳、绿篱、马路绿化带。如图5-90所示为常见的园林植物造景设计的真实效果图。

图5-90 园林植物造景

案例——创建二维仿真树木组件

本例利用一张植物图片制作成二维植物组件，如图5-91所示为效果图。

图5-91

源文件：植物图片.jpg

结果文件：创建二维仿真树木组件.skp

视频：创建二维仿真树木组件.wmv

① 启动Photoshop软件，打开植物图片，如图5-92所示。

图5-92 打开植物图片

② 双击图层进行解锁。利用【魔术棒】工具，将白色背景删除，如图5-93和图5-94所示。

图5-93 解锁图层　　图5-94 删除白色背景

③ 执行【文件】|【存储】命令，在【格式】下拉列表中选择PNG格式，如图5-95所示。

图5-95 保存植物图像文件

④ 在SketchUp 中执行【文件】|【导入】命令，在"文件类型"下拉列表中选择PNG格式，如图5-96所示。

图5-96 导入植物图像文件

◎提示•◎

　　PNG格式可以存储透明背景图片，而JPG格式不能存储透明背景图片。在导入到SketchUp 时，PNG格式非常方便。

⑤ 在导入到SetchUp的图片上右击并执行【分解】命令，将图片炸开，如图5-97所示。

图5-97 分解图片

06 选中直线，右击并执行【隐藏】命令，将直线全部隐藏，如图5-98所示。

图5-98　将图片框直线隐藏

07 选中图片，以长方形面显示，单击【手绘线】按钮↗，绘制出植物的大致轮廓，如图5-99和图5-100所示。

图5-99　显示背景面　　　图5-100　手绘树外形

08 将多余的面删除，再次将直线隐藏，如图5-101和图5-102所示。

图5-101　删除背景面　　　图5-102　隐藏手绘线

◎提示·◎

　　绘制植物轮廓主要是为了显示阴影时呈树状显示，如不绘制轮廓，则只会以长方形阴影显示。边线只能隐藏而不能删除，否则会将整个图片删掉。

09 选中图片，右击并执行【创建组件】命令，如图5-103所示。

10 复制多个植物组件。开启阴影效果，最终完成的效果如图5-104所示。

图5-103　创建组件

图5-104　复制植物

案例——创建树池坐凳

　　树池是种植树木的植槽，树池处理得当，不仅有助于树木生长，美化环境，还具备满足行人的需求，夏天可以在树荫下乘凉，冬天坐在木质的座凳上也不会让人感觉冷。如图5-105所示为本案例效果图。

图5-105　树池坐凳

结果文件：创建树池坐凳.skp
视频：创建树池坐凳.wmv

01 单击【矩形】按钮▨，绘制一个长宽均为5000mm的矩形，如图5-106所示。

02 单击【推/拉】按钮◆，将矩形面向上推拉1000mm，如图5-107所示。

图5-106　绘制矩形

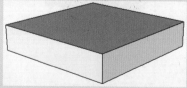

图5-107　推拉矩形

03 继续单击【矩形】按钮▣，在4个面绘制几个相同的矩形面，如图5-108所示。

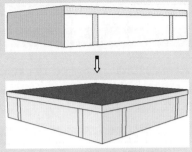

图5-108　侧面绘制多个矩形

◎提示·◎

　　在绘制矩形面时，为了精确绘制，可以采用辅助线进行测量再绘制。

04 单击【推/拉】按钮♣，将中间的矩形面分别向里推拉600mm，将其他面依次推拉，如图5-109所示。

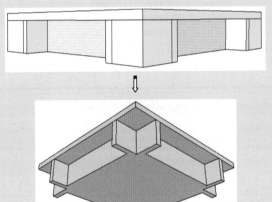

图5-109　推拉矩形面

05 单击【偏移】按钮⚒，向里偏移复制1000mm。再单击【推/拉】按钮♣，将面向上推拉600mm，如图5-110和图5-111所示。

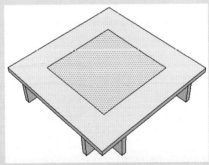

图5-110　顶部创建偏移

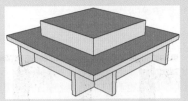

图5-111　推拉偏移面

06 继续单击【偏移】按钮⚒，分别向里偏移复制150mm、300mm。再单击【推/拉】按钮♣，分别将面向下推拉250mm、400mm，如图5-112和图5-113所示。

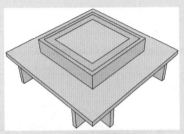

图5-112　继续创建偏移面

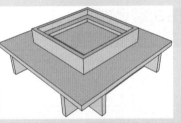

图5-113　推拉偏移面

07 在【材质】卷展栏中，给树池凳填充相应的材质，并为其导入一个植物组件，如图5-114和图5-115所示。

图5-114　填充材质

图5-115　导入植物组件

案例——创建花架

本例制作一个花架，如图5-116所示为效果图。

图5-116　花架

结果文件：创建花架.skp

视频：创建花架.wmv

一、设计花墩

01 单击【矩形】按钮☑，创建出一个边长为2000mm的矩形，如图5-117所示。

02 单击【推/拉】按钮♨，将矩形拉高3000mm，如图5-118所示。

图5-117　绘制矩形面　　图5-118　推拉矩形面

03 单击【偏移】按钮☝，向外偏移复制400mm，然后单击【推/拉】按钮♨，向上推拉500mm，如图5-119和图5-120所示。

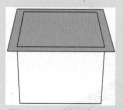　

图5-119　创建偏移面　　图5-120　推拉偏移面

04 单击【擦除】按钮✎，擦除多余的直线，即可变成一个封闭面，如图5-121所示。

05 单击【偏移】按钮☝，向里偏移复制400mm，然后单击【推/拉】按钮，向上推拉500mm，如图5-122和图5-123所示。

06 再重复上一步操作，这次拉高距离为300mm，如图5-124所示。

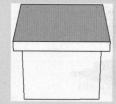　

图5-121　擦除内部曲线　　图5-122　创建偏移面

图5-123　推拉偏移面　　图5-124　重复偏移及推拉

07 单击【两点圆弧】按钮☑，画一个与矩形相切的倒角形状，如图5-125所示。

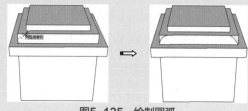

图5-125　绘制圆弧

08 选择圆弧面，单击【跟随路径】按钮☞，按住Alt键不放，对着倒角向矩形面进行变形，即可变成一个倒角形状，如图5-126所示。

图5-126　创建跟随路径

09 单击【两点圆弧】按钮☑，在矩形面上绘制一个长为600mm，向外凸出为300mm的4个圆弧组成的花瓣形状，如图5-127所示。

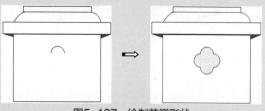

图5-127　绘制花瓣形状

10 单击【偏移】按钮☝，向外偏移复制100mm，然后单击【推/拉】按钮♨，将面向外推拉100mm，如图5-128和图5-129所示。

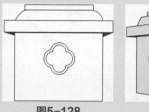　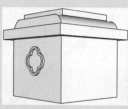

图5-128　　　　图5-129

二、设计花柱

⑪ 单击【矩形】按钮▣，在顶部矩形面上先绘制4个矩形，再分别在4个矩形里绘制小矩形，如图5-130和图5-131所示。

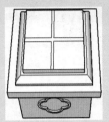 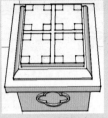

图5-130　绘制4个矩形　　图5-131　绘制小矩形

⑫ 单击【推/拉】按钮◆，将4个面向上推拉12000mm，如图5-132所示。

图5-132　推拉形状

⑬ 单击【矩形】按钮▣，在花柱上绘制一个矩形面，如图5-133所示。

⑭ 单击【推/拉】按钮◆，向上推拉300mm，如图5-134所示。

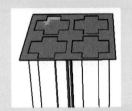 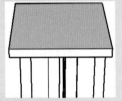

图5-133　在顶部绘制矩形　　图5-134　推拉矩形

⑮ 单击【偏移】按钮，向外偏移复制500mm，再单击【推/拉】按钮◆，向上推拉300mm，如图5-135和图5-136所示。

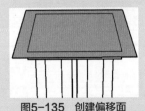 

图5-135　创建偏移面　　图5-136　推拉偏移面

⑯ 选中花柱模型，执行【编辑】|【创建群组】命令，创建一个群组，如图5-137所示。

图5-137　创建群组

三、设计花托

⑰ 单击【直线】按钮✎，绘制两条长度都为5000mm的直线，如图5-138所示。单击【两点圆弧】按钮，连接两条直线，如图5-139所示。

图5-138　绘制直线

图5-139　绘制圆弧

⑱ 单击【推/拉】按钮◆，将面拉出一定高度，如图5-140所示。将推拉后的模型移到花柱上，如图5-141所示。

图5-140　推拉形成的面

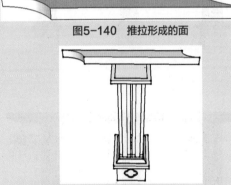

图5-141　平移对象

⑲ 选中模型，单击【缩放】按钮，对其进行位伸变化，如图5-142所示。

图5-142　缩放对象

⑳ 单击【移动】按钮✛，复制两个，放在相应的位置上，如图5-143所示。

㉑ 将整个模型选中，创建群组，花托效果如图5-144所示。

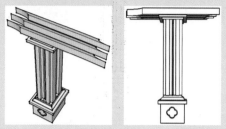

图5-143　平移复制对象　图5-144　创建群组

㉒ 单击【移动】按钮✥，沿水平方向复制两个模型，摆放到相应位置上，如图5-145所示。

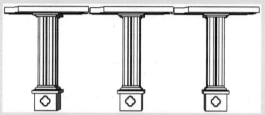

图5-145　复制群组

㉓ 选择一种适合的材质填充，如图5-146所示。

图5-146　填充材质

㉔ 导入一些花篮和椅子组件，最终效果如图5-147所示。

图5-147　导入组件

5.4　园林景观设施构件设计

本节以实例讲解的方式介绍SketchUp景观服务设施小品设计的方法，包括创建休闲凳、石桌、栅栏、秋千、棚架、垃圾桶，如图5-148所示为常见的景观设施小品设计的真实效果图。

图5-148　景观设施小品

案例——创建石桌

本例制作一个公园里的石桌模型，如图5-149所示为效果图。

图5-149　石桌

结果文件：创建石桌.skp

视频：创建石桌.wmv

① 单击【圆】按钮●，绘制一个半径为500mm的圆，如图5-150所示。

⑩ 单击【推/拉】按钮🔼，将圆面向上推拉300mm，如图5-151所示。

图5-150　绘制圆　　　　图5-151　推拉圆

⑩ 单击【偏移】按钮🔄，将圆面向内偏移复制250mm，如图5-152所示。

⑩ 单击【推/拉】按钮🔼，将圆面向下拉250mm，如图5-153所示。

图5-152　偏移圆面　　　　图5-153　推拉圆面

⑩ 单击【偏移】按钮🔄，将圆面向内偏移复制一个小圆，单击【推/拉】按钮🔼，将圆面向下推出200mm，完成石桌的创建，如图5-154所示。

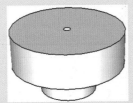

图5-154　偏移小圆面并推拉

⑩ 单击【圆】按钮⬤，绘制一个半径为150mm的圆，单击【推/拉】按钮🔼，将圆面拉出300mm，得到的石凳如图5-155所示。

⑩ 分别选中石桌和石凳，右击执行【创建群组】命令，如图5-156所示。

图5-155　创建石凳　　　　图5-156　创建群组

⑩ 单击【移动】按钮✥，按住Ctrl键不放，再复制3个石凳，如图5-157所示。

⑩ 选择一种适合的材质填充，如图5-158所示。

⑩ 导入一把遮阳伞组件，最终效果如图5-159所示。

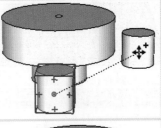

图5-157　复制石凳

图5-158　填充材质

图5-159　导入遮阳伞组件

案例——创建栅栏

本例制作一个围墙栅栏，如图5-160所示为效果图。

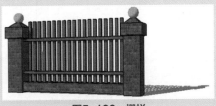

图5-160　栅栏

结果文件：创建栅栏.skp

视频：创建栅栏.wmv

⑩ 单击【矩形】按钮▱，绘制一个长和宽都为300mm的矩形，如图5-161所示。

图5-161 绘制矩形

02 单击【推/拉】按钮🪣，向上推拉1200mm，创建立柱，如图5-162所示。

03 单击【偏移】按钮🗐，向外偏移复制面40mm，如图5-163所示。

 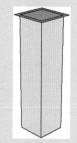

图5-162 推拉矩形　　　**图5-163 创建偏移面**

04 单击【推/拉】按钮🪣，向下推200mm，如图5-164所示。

05 单击【推/拉】按钮🪣，将矩形面向上推拉50mm，如图5-165所示。

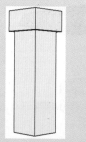 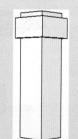

图5-164 推拉偏移面　　　**图5-165 推拉立柱面**

06 单击【缩放】按钮🖳，对推拉部分进行缩放，如图5-166所示。

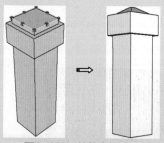

图5-166 缩放立柱顶面

07 选中模型，执行【编辑】|【创建群组】命令，创建一个群组，如图5-167所示。

08 单击【矩形】按钮🖳，绘制一个长为2000mm，宽为200mm的矩形，然后单击【推/拉】按钮🪣，向上推拉150mm，如图5-168所示。

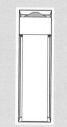

图5-167 创建群组

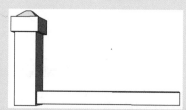

图5-168 创建矩形块

09 利用之前讲过的绘制球体的方法，绘制一个球体并放于柱上，如图5-169所示。

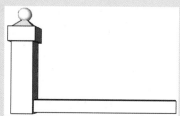

图5-169 创建球体

10 单击【移动】按钮✥，复制另一个石柱，如图5-170所示。

图5-170 平移复制对象

11 单击【矩形】按钮🖳，绘制一矩形面，单击【推/拉】按钮🪣，向上推拉一定距离，如图5-171所示。

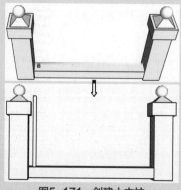

图5-171 创建小立柱

⑫ 执行【编辑】|【创建群组】命令，创建一个群组，如图5-172所示。

图5-172　创建群组

⑬ 利用同样的方法绘制另一个矩形块，如图5-173所示。

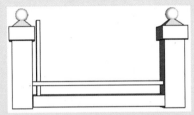

图5-173　创建水平的矩形块

⑭ 单击【移动】按钮🖐，按住Ctrl键不放，先将水平放置的矩形块进行复制，如图5-174所示。然后将小立柱向右等距复制，如图5-175所示。

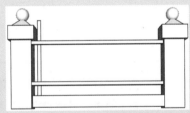

图5-174　向上复制

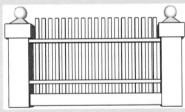

图5-175　向右等距复制

⑮ 填充适合的材质，最终效果如图5-176所示。

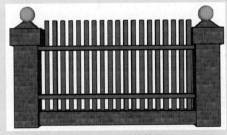

图5-176　最终效果

5.5　园林景观提示牌构件设计

本节以实例讲解的方式介绍SketchUp园林景观提示牌构件设计的方法，包括创建景区路线指示牌、景点指示牌、景区温馨提示，如图5-177所示为常见的园林景观提示牌设计的真实效果图。

图5-177　景观提示牌

案例——创建温馨提示牌

本例制作温馨提示牌，如图5-178所示为效果图。
结果文件：创建温馨提示牌.skp
视频：创建温馨提示牌.wmv

① 单击【两点圆弧】按钮⊘，绘制两段圆弧连接，如图5-179所示。

图5-178　温馨提示牌　　　图5-179　绘制圆弧

② 继续单击【两点圆弧】按钮⊘，绘制两段圆弧连接，再单击【直线】按钮✏，将其连接成面，如图5-180所示。

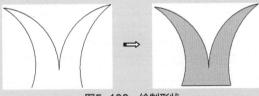

图5-180　绘制形状

03 单击【矩形】按钮🔲，在下方绘制一个矩形面，如图5-181所示。

图5-181　绘制矩形面

04 单击【两点圆弧】按钮，绘制圆弧连接，如图5-182所示。

图5-182　绘制心形

05 选中形状，右击并执行【创建群组】命令，创建成群组，如图5-183所示。

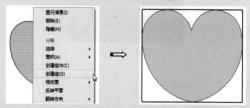

图5-183　创建群组

06 单击【旋转】按钮，按住Ctrl键不放，沿中点进行旋转复制，旋转角度设为60°，如图5-184所示。

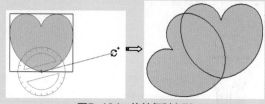

图5-184　旋转复制心形

07 选中第二个复制对象，沿中点继续旋转复制其他几个形状，如图5-185所示。

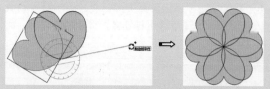

图5-185　继续复制出其他心形

08 右击形状并执行【分解】命令，将形状进行分解，如图5-186所示。

09 单击【擦除】按钮，将多余的线擦掉，形成一朵花的形状，如图5-187所示。

10 单击【圆】按钮，绘制两个圆面。单击【两点圆弧】按钮，绘制两段圆弧连接，如图5-188所示。

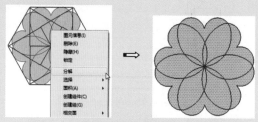

图5-186　分解形状

图5-187　擦除多余线

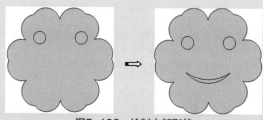

图5-188　绘制内部形状

11 将两个形状分别创建群组，并进行组合，如图5-189所示。

12 单击【推/拉】按钮，对形状进行推拉，如图5-190所示。

图5-189　创建群组　　　图5-190　推拉群组

13 单击【三维文字】按钮，添加三维文字，如图5-191所示。

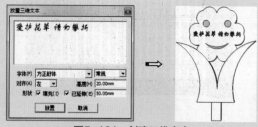

图5-191　创建三维文字

⑭ 为创建完成的模型填充适合的材质，如图5-192所示。

图5-192　最终效果

案例——创建景点介绍牌

本例制作景区景点介绍牌，如图5-193所示为效果图。

图5-193　景点介绍牌

源文件：文字图片.jpg

结果文件：创建景点介绍牌.skp

视频：创建景点介绍牌.wmv

① 单击【矩形】按钮 ，绘制三个长宽都为300mm的矩形面，如图5-194所示。

图5-194　绘制三个小矩形

② 单击【推/拉】按钮 ，分别向上推拉3500mm，如图5-195所示。

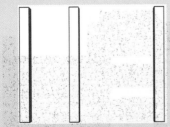

图5-195　推拉小矩形

③ 单击【偏移】按钮 ，将第三个矩形面向里偏移复制30mm。单击【推/拉】按钮 ，向上推拉30mm，如图5-196和图5-197所示。

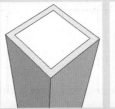

图5-196　创建偏移面　　图5-197　推拉偏移面

④ 单击【偏移】按钮 ，向外偏移复制50mm。单击【推/拉】按钮 ，将两个面向上推拉200mm，如图5-198和图5-199所示。

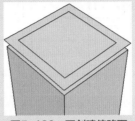 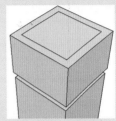

图5-198　再创建偏移面　　图5-199　推拉面

⑤ 单击【擦除】按钮 ，将多余的线擦掉，如图5-200所示。

⑥ 将三个矩形柱分别创建群组，如图5-201所示。

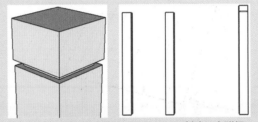

图5-200　擦除多余线　　图5-201　创建三个群组

⑦ 单击【矩形】按钮 ，绘制三个矩形面。单击【推/拉】按钮 ，向右推拉一定距离，如图5-202和图5-203所示。

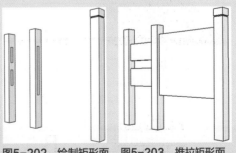

图5-202　绘制矩形面　　图5-203　推拉矩形面

⑧ 单击【矩形】按钮 ，继续绘制矩形面。单击【推/拉】按钮 ，推拉出效果，如图5-204和图5-205所示。

⑨ 单击【多边形】按钮 ，绘制三角形。单击【推/拉】按钮 ，将三角形进行推拉，如图5-206所示。

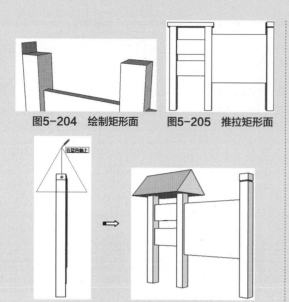

图5-204 绘制矩形面 　　图5-205 推拉矩形面

图5-206 绘制三角形并进行拖拉

⑩ 单击【直线】按钮 ✎ ，在顶面绘制直线。单击【推/拉】按钮 ♨ ，对分割的面分别向上推拉20mm，如图5-207和图5-208所示。

图5-207 绘制直线分割面

图5-208 推拉分割的面

⑪ 单击【移动】按钮 ✛ ，在上方复制另一个形状，然后进行缩放操作，结果如图5-209所示。

图5-209 缩放复制

⑫ 单击【三维文字】 🄰 ，添加三维文字，如图5-210所示。

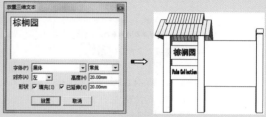

图5-210 创建三维文字

⑬ 为另一边添加文字图片的材质贴图，如图5-211所示。完善其他地方的材质，最终效果如图5-212所示。

图5-211 添加材质

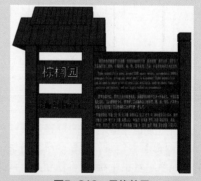

图5-212 最终效果

中文版SketchUp 2022完全实战技术手册

第6章
利用SUAPP插件进行造型

本章将会学习如何利用SketchUp 的插件库管理器——SUAPP来进行建筑外观造型和基于BIM的建筑设计。SketchUp 只是一个基本建模工具，要想完成各种复杂的建模工作，还得大量使用插件程序来辅助完成各种设计。

知 识 要 点

- SketchUp 扩展插件简介
- SUAPP插件库
- "云在亭"建筑造型设计案例
- 基于BIM的办公楼建筑结构设计案例

6.1 SketchUp 扩展插件简介

通常，SketchUp 中自带的功能只能做一些比较简单的造型或房屋建筑设计，或者是能够做出来较复杂的产品但是要花费大量的时间，对于一些更复杂的产品及建筑造型，SketchUp 更是无法轻松完成，如图6-1所示的工艺品及建筑造型。

图6-1 SketchUp 自带功能建模困难的造型

诸如上图（图6-1）的这些创意造型，须借助于SketchUp 的扩展插件才能够轻松完成，否则工作十分烦琐。扩展插件是SketchUp 软件商或第三方插件开发作者根据设计师的建模习惯、工作效率及行业设计标准进行开发的扩展程序。这些扩展插件程序有些功能十分强大，有些可能就是比较单一的功能。

下面介绍几种使用或购买插件的方法。

6.1.1 到扩展应用商店下载插件

首先我们来看看SketchUp 2022安装后的扩展程序有哪些，在菜单栏中执行【窗口】|【扩展程序管理器】命令，将打开【扩展程序管理器】对话框。此对话框中列出了SketchUp 软件自带的几个插件，如图6-2所示。

图6-2 SketchUp 自带插件

如果用户购买非官方提供的扩展插件，可以单击【安装扩展程序】按钮，将扩展程序.rbz格式的文件打开，然后就可以使用插件功能了。

如果需要使用官方扩展程序商店的插件，可以在菜单栏中执行【窗口】/Extension Warehouse命令，打开Extension Warehouse对话框，里面列出了所有行业的可用的扩展插件，如图6-3所示。

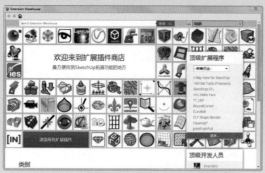

图6-3　Extension Warehouse对话框

单击【浏览所有扩展插件】按钮，可以打开插件浏览对话框，方便用户选择软件版本所对应的扩展插件，如图6-4所示。扩展程序商店的插件全是英文版本的，且有一定的试用期限，这对一些英语水平不太好的用户来讲，使用起来较为困难，而且这些插件都没有进行集成与优化，因此笔者推荐使用国内插件爱好者中文汉化后的SketchUp 插件。

图6-4　浏览所有插件

目前国内许多SketchUp 学习论坛都会向设计师推出一些汉化插件，有免费的也有收费的，收费的汉化插件全都做了界面优化，比较出名的有"坯子库" http：//www.piziku.com论坛、SketchUp 吧 http：//www.suapp.me、紫天SketchUp 插件等。其中，坯子库插件多数是免费使用的，但比较零散，没有集成优化。而SketchUp 吧的SUAPP 插件与紫天中文网的RBC_Library（RBC扩展库）是付费使用的。

6.1.2　SUAPP插件库

SketchUp 吧的SUAPP插件库是目前国内应用最为广泛的云端插件库，SUAPP插件库中的插件下载及使用都很简便，而且便于教学，所以本小节以及后续章节中所使用的插件均来自于SketchUp 吧。

提示

若想免费使用SUAPP插件库，可以下载SUAPP Free 1.7（离线/免费基础版），有百余项插件功能是免费使用的，可满足日常建模和新手使用。

SUAPP Pro 3.6插件库是目前最高版本，可应用在SketchUp 2014~2022版本的软件中。到SketchUp 吧官方网站购买使用权限后进行插件安装，安装成功后会在SketchUp 工具栏中显示【SUAPP 3基本工具栏】工具栏，如图6-5所示。

图6-5　【SUAPP 3基本工具栏】工具栏

【例6-1】SUAPP插件库的插件下载与安装

根据行业设计的需求，在插件库网页窗口的插件分类列表中选择插件分类，例如用于BIM建筑设计的插件，可以在【轴网墙体】【门窗构件】【建筑设施】【房间屋顶】【文字标注】【线面工具】及【三维体量】等分类中去下载相关的扩展插件，如图6-6所示。

图6-6　SUAPP插件库下载网页界面

以下载一个插件为例，介绍插件的下载及安装流程。

01 在【SUAPP 3基本工具栏】工具栏中单击【安装管理插件】按钮，即可进入官网中下载插件。

02 在【轴网墙体】插件分类中找到【画点工具】插件，单击此插件右侧的【安装】按钮，如图6-7所示。

03 随后弹出添加插件对话框。先选择插件语言，再单击【确定安装】按钮，会自动下载该插件并将该插件安装在SUAPP Pro 3.6插件库的面板中，如图6-8所示。

图6-7 选择合适的插件

图6-8 下载插件

(04) 同理,将其他所需的插件一一默认安装在所属的分组中。要想在SketchUp中使用这些插件,须在【SUAPP 3基本工具栏】工具栏中单击【SUAPP面板】按钮,弹出【SUAPP Pro 3.6】面板。如图6-9所示为笔者安装了所需的插件后SUAPP面板的状态。

(05) 如果需要删除SUAPP插件库面板中某些不常用的插件,请到插件官网页面中进入【我的插件库】,然后选择要删除的插件,单击【删除】按钮即可,如图6-10所示。

(06) 在菜单栏执行【扩展程序】|【SUAPP设置】命令,用户可自定义三种布局:工具栏布局、融合布局和侧边布局。如图6-11所示为"融合布局"界面。

图6-9 SUAPP插件库面板

图6-10 删除插件

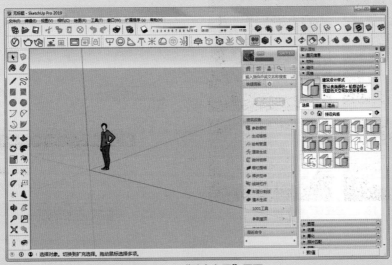

图6-11 "融合布局"界面

第6章 利用SU APP插件进行造型

07 除了使用插件进行建模，还可以在SUAPP插件库面板【我的模型】选项卡中来获取上万种免费的SU模型，单击选中一种模型，即可从SketchUp吧的官网中下载模型到当前绘图区中，如图6-12所示。

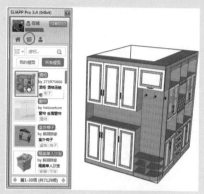

图6-12 免费下载模型

6.2 "云在亭"建筑造型设计案例

源文件：俯视图.jpg、立面图-1.jpg、立面图.jpg
结果文件：云在亭.skp
视频："云在亭"造型设计.wmv

"云在亭"位于北京林业大学校园内的一片小树林中，占地120m²，是一座竹结构的景观亭，与优美的校园环境完美契合。如图6-13所示为"云在亭"的部分实景图。

图6-13 "云在亭"实景图

"云在亭"的主体由竹瓦、防水卷材、苇席、有机玻璃防水层、竹篾格网和竹梁结构组成，如图6-14所示。

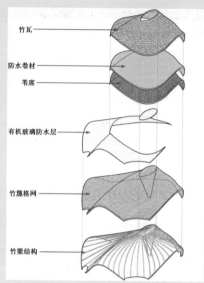

图6-14 "云在亭"的结构组成

"云在亭"的建模将通过使用SketchUp的相关建模工具和SUAPP插件库中的部分插件来共同完成。本例中将要使用到的插件包括画点工具（SUAPP编号188）、贝兹曲线（SUAPP编号96）、三维旋转（SUAPP编号295）、曲线放样（SUAPP编号427）和线转圆柱（SUAPP编号148）和拉线成面（SUAPP编号156）。

◎提示·∘‐

如果用户的SUAPP插件库中没有本例中所使用的插件，可到插件库官网中搜索下载。另外，怎样知道用户需要的SUAPP插件编号呢？这个需要在SUAPP官网中找到所使用的插件，然后单击【GIF】图标，在弹出的分页中即可查看到插件编号，如图6-15所示。

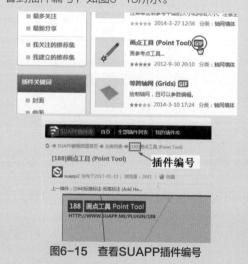

图6-15 查看SUAPP插件编号

整个建模流程包括导入参考图像、构建主体结构曲线、构建主体结构、其他组成结构设计。

6.2.1 导入参考图像

构建"云在亭"的主体曲线之前，需要导入"云在亭"项目的俯视图、立面图和剖面图等图像文件作为建模参考。

01 启动SketchUp 2022，选择"建筑-毫米"模板后进入操作主界面。

02 在菜单栏中执行【相机】|【平行投影】命令，切换相机视图为平行视图。

03 按F4键切换到俯视图（或单击【俯视图】按钮 ▣）。

04 在菜单栏中执行【文件】|【导入】命令，从本例源文件夹中导入"俯视图.jpg"图像文件，然后在坐标轴的原点双击，放置图像，如图6-16所示。

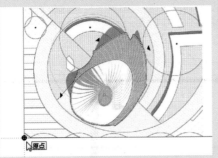

图6-16 在原点双击放置"俯视图"图像

◎提示·◦

双击来放置图像，可以保留图像的原比例。

05 使用大工具集中的【移动】工具 ✥ 与【旋转】工具 ❂，将图像进行平移和旋转操作，结果如图6-17所示。

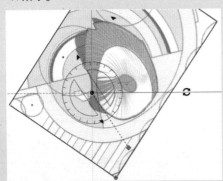

图6-17 平移和旋转"俯视图"图像

06 按F6键切换到前视图。在菜单栏中执行【文件】|【导入】命令，从本例源文件夹中导入"立面图.jpg"图像文件，并在原点位置双击放置图像，如图6-18所示。

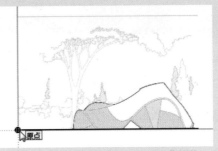

图6-18 在原点双击放置"立面图"图像

07 通过使用【移动】工具，将"立面图"图像平移，如图6-19所示。

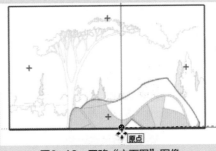

图6-19 平移"立面图"图像

08 旋转视图，可见"立面图"图像中的门洞曲线与"俯视图"图像中的门洞曲线不重合，说明比例不相等，需要适当缩放"立面图"图像，如图6-20所示。

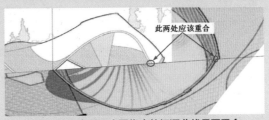

图6-20 查看两个图像中的门洞曲线是否重合

09 使用【缩放】工具 ▣，将"立面图"图像进行缩放，缩放后再平移，以此核对两张图像中的门洞曲线是否重合，可反复多次进行缩放与平移操作，直至完全重合位置，如图6-21所示。

◎提示·◦

每一次导入图像文件时，图像都会不同，这一点请读者注意。

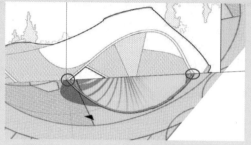

图6-21 缩放和平移操作"立面图"图像

6.2.2 构件主体结构曲线

主体的结构曲线构建方法是:先创建点,再参考背景图像来移动点,最后以点来构建空间曲线。

01 按F4键切换到俯视图。在SUAPP面板中输入插件编号"188"并按Enter键,随即显示【画点工具】插件图标 ✐画点工具,单击此插件图标,然后参考图像创建多个点,如图6-22所示。

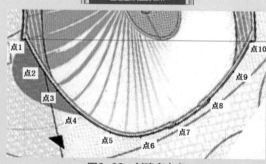

图6-22 创建多个点

02 按F6键切换到前视图。参考"立面图"的背景图像,使用【移动】工具,选取一个点将其平移到对应的立面图中门洞曲线上,如图6-23所示。

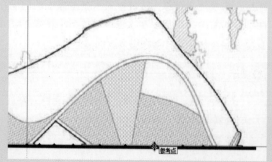

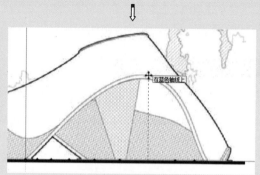

图6-23 平移点

03 同理,逐一地将其余点一一平移到对应的位置上,旋转一下视图,可以看到这些点在空间中的位置,如图6-24所示。

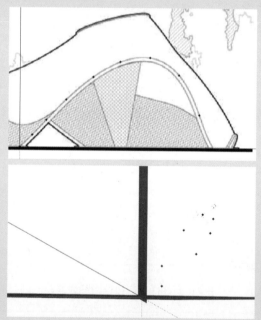

图6-24 平移其余点

04 在SUAPP面板中输入插件编号96并按Enter键,在列出的搜索结果中单击【三次贝兹曲线】插件图标,然后在绘图区中依次选取点来创建贝兹曲线,选取最后一个点后双击,以此结束曲线创建,如图6-25所示。

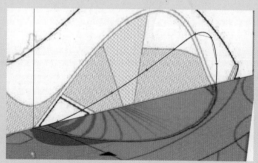

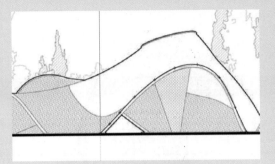

图6-25　创建三次贝兹曲线

05 将"立面图.jpg"图像顺时针旋转90°，如图6-26所示。

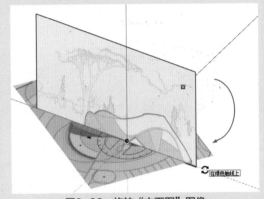

图6-26　旋转"立面图"图像

06 切换到俯视图。再利用SUAPP面板中的【画点工具】插件，参考"俯视图"图像中的小门洞轮廓，创建多个点，如图6-27所示。

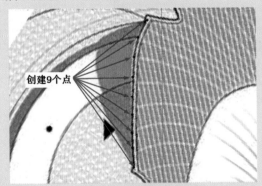

创建9个点

图6-27　创建多个点

07 按F8键切换到左视图。参考"立面图.jpg"图像，将上步骤创建的多个点平移到对应的位置。由于没有小门的正向视图，因此移动点时，先移动中间的点，然后在中间点两侧的点可以同时选取并平移，以此形成对称，如图6-28所示。

08 再利用【三次贝兹曲线】插件，依次选取点来创建贝兹曲线，如图6-29所示。

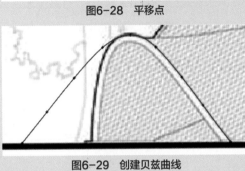

图6-28　平移点

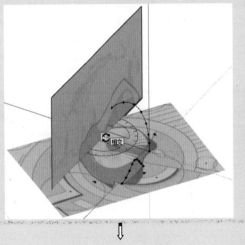

图6-29　创建贝兹曲线

09 再利用【旋转】工具，将"立面图"图像顺时针旋转90°，如图6-30所示。

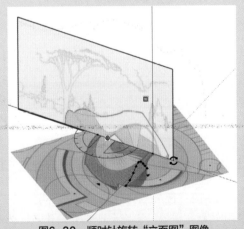

图6-30　顺时针旋转"立面图"图像

⑩ 切换到俯视图。参考"俯视图"图像，利用【画点工具】插件创建多个点，如图6-31所示。

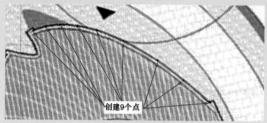

图6-31　创建多个点

⑪ 按F5键切换到后视图。适当地平移"立面图"图像，也就是让第三个门洞的最高点竖直对应多个点中的第5个点，如图6-32所示。

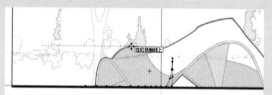

图6-32　平移"立面图"图像

⑫ 接着平移多个点，如图6-33所示。再使用【三次贝兹曲线】插件，创建贝兹曲线，如图6-34所示。最后调整一下贝兹曲线的平滑度，调整方法是：先平移点，然后右击贝兹曲线并执行【贝兹曲线-三次贝兹曲线】命令，拖动贝兹曲线的控制点到对应的点位置上即可。

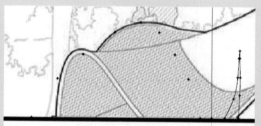

图6-33　平移多个点

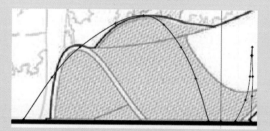

图6-34　创建贝兹曲线

⑬ 切换到俯视图。参考"俯视图"图像，利用【三次贝兹曲线】插件创建贝兹曲线，将前面创建的3条空间曲线两两进行连接，如图6-35所示。

⑭ 切换到后视图。使用【直线】工具 ╱，参考"立面图"图像绘制一条水平直线，如图6-36

所示。

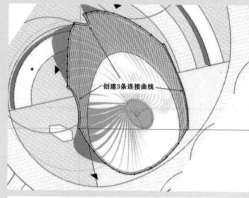

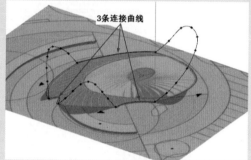

图6-35　创建3条连接曲线

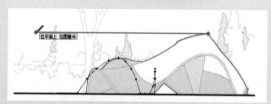

图6-36　绘制水平直线

⑮ 切换到俯视图。利用【三次贝兹曲线】插件，参考"俯视图"图像创建封闭的贝兹曲线（在绘制最后一个控制点时右击并执行【用曲线闭合曲线】命令即可），如图6-37所示。

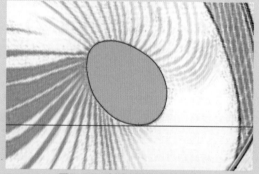

图6-37　创建封闭的贝兹曲线

⑯ 删除封闭贝兹曲线内的面，仅保留封闭曲线。切换到后视图，然后使用【移动】工具，将封闭的贝兹曲线平移到水平直线上，如图6-38所示。

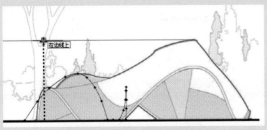

图6-38　平移封闭的贝兹曲线

⑰ 在SUAPP面板中输入"旋转"并按Enter键进行搜索，搜索【三维旋转】插件。如果没有安装此插件，可单击【安装】按钮进行安装，然后再单击SUAPP面板下方出现的【同步】按钮进行插件同步。如图6-39所示为安装完成【三维旋转】插件后的SUAPP面板。

图6-39　插件安装完成后的SUAPP面板

⑱ 安装【三维旋转】插件后，单击【三维旋转】插件图标，在封闭曲线上选取旋转中心点，如图6-40所示。

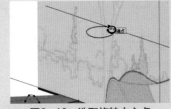

图6-40　选取旋转中心点

⑲ 切换到左视图。然后选取旋转的第一点，如图6-41所示。

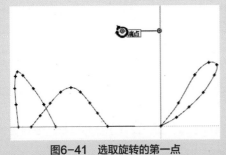

图6-41　选取旋转的第一点

⑳ 按着选取旋转的第二点，将封闭的曲线旋转一定的角度，如图6-42所示。

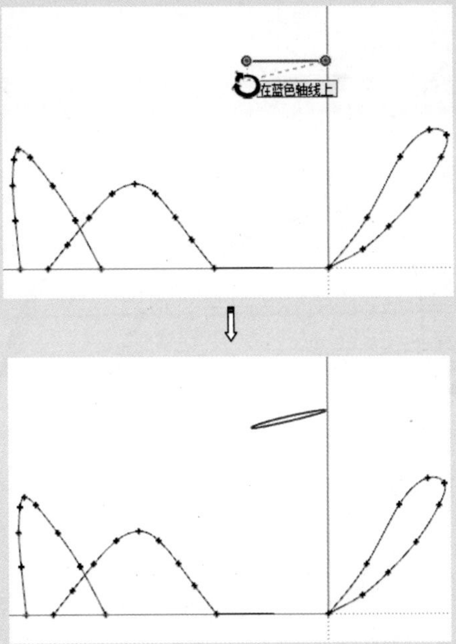

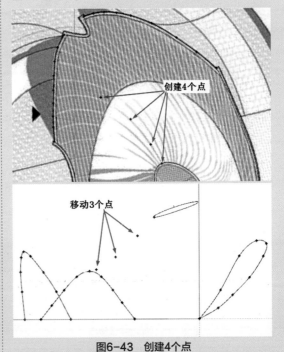

图6-42　选取第二点并完成旋转

㉑ 切换到俯视图，利用【画点工具】插件，参考竹梁的布局来创建4个点。切换到左视图，使用【移动】工具将点垂直向上移动到相应位置上，如图6-43所示。

图6-43　创建4个点

㉒ 利用【三次贝兹曲线】插件，选取点来创建贝兹曲线，如图6-44所示。

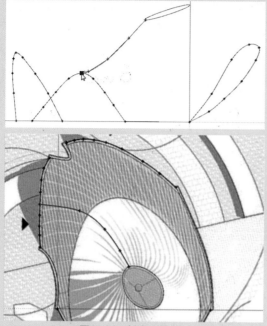

图6-44 创建贝兹曲线

㉓ 再切换到俯视图。利用【画点工具】插件，创建并移动点，结果如图6-45所示。

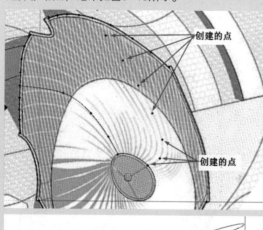

创建的点
创建的点

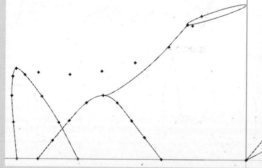

图6-45 创建并移动点

㉔ 接着利用【三次贝兹曲线】插件依次选取点来创建贝兹曲线，如图6-46所示。

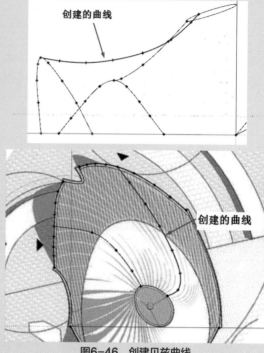

创建的曲线
创建的曲线

图6-46 创建贝兹曲线

㉕ 同理，再使用【画点工具】插件创建如图6-47所示的点，然后切换到左视图并参考图像来移动点到合适位置。

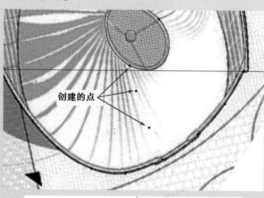

创建的点

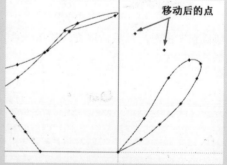

移动后的点

图6-47 创建并移动点

㉖ 利用【三次贝兹曲线】插件选取点来创建贝兹曲线，如图6-48所示。

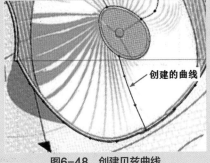

设计的骨架曲线。主体结构包括主体竹梁结构、竹篾格网、有机玻璃防水层和竹瓦、防水卷材、苇席等。

1. 主体竹梁结构设计

01 切换到俯视图。使用【移动】工具，按住Ctrl键拖动主体结构曲线，将主体结构曲线复制两份，如图6-50所示。

图6-50　复制

02 选中"立面图"参考图像，右击并执行【隐藏】命令进行隐藏。

03 参考"俯视图"图像，选中相邻的两条轮廓线（贝兹曲线），右击并执行【贝兹曲线-转换为】|【固定段数多段线】命令，弹出【参数设置】对话框，输入段数"13"，单击【好】按钮完成曲线的转换，如图6-51所示。

图6-48　创建贝兹曲线

㉗ 同理，按此方法再创建三条贝兹曲线，如图6-49所示。至此完成了"云在亭"模型的结构曲线构建。

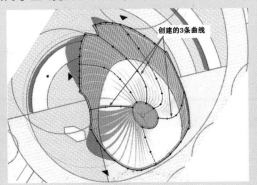

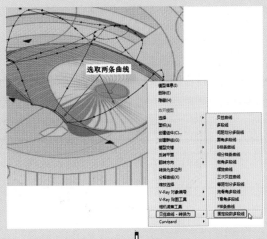

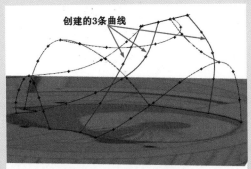

图6-49　再创建3条贝兹曲线

6.2.3　主体结构设计

"云在亭"由多种材质和结构组成，建模时需要将主体结构曲线复制出多份，以作为各层结构

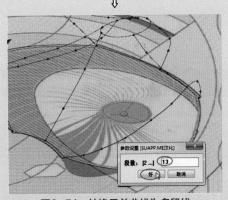

图6-51　转换贝兹曲线为多段线

04 同样选取顶部的一段贝兹曲线，完成多段线的转换，如图6-52所示。

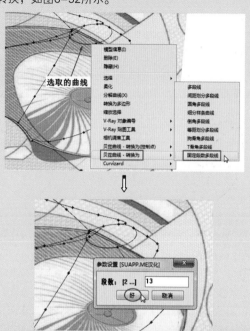

图6-52 转换顶部的一段贝兹曲线为多段线

◎提示·◦

段数的确定可参考"俯视图"图像中的竹梁数量。如果骨架曲线中间的竹梁数为4，那么转换多段线时输入的段数就应该是5，如图6-53所示。

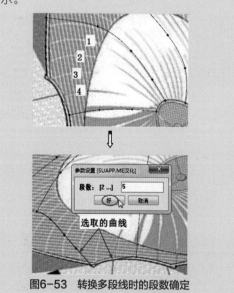

图6-53 转换多段线时的段数确定

05 以此类推，其余外形轮廓曲线及顶部的曲线均按此方法进行转换。将转换完成的多段线复制一

份，作为后续设计竹篦结构时的基本曲线。

06 在SUAPP面板中输入插件编号"427"并按Enter键搜索，搜出三个插件工具：轮廓放样、路径放样和曲线放样。单击【轮廓放样】插件图标，然后在绘图区中框选主体结构曲线，如图6-54所示。

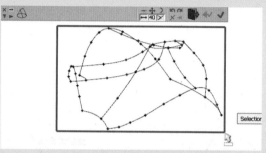

图6-54 框选主体结构曲线

07 框选曲线后单击放样工具栏中的【确定】按钮✔，进入预览模式查看轮廓线，如图6-55所示。

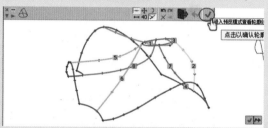

图6-55 进入预览模式

08 在放样工具栏中单击【仅生成表面横向线框】按钮，再单击【确定】按钮✔，完成线框的创建，如图6-56所示。

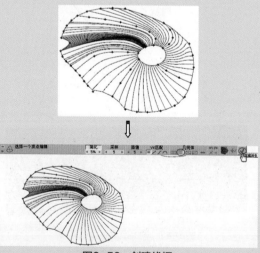

图6-56 创建线框

09 选中整个线框模型（自动生成的组件），右击并执行【炸开模型】命令，炸开线框模型。然后参考"俯视图"图像中的竹梁，将多余的线删除，结果如图6-57所示。

中文版SketchUp 2022完全实战技术手册

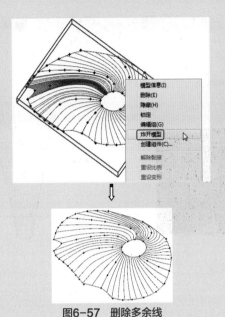

图6-57　删除多余线

◎提示·◦

出现这种多余曲线，主要是分段的问题。可以重新选择贝兹曲线进行分段。

⑩ 框选所有曲线，右击并执行Curvizard|【光滑曲线】命令，将多段线进行平滑处理，如图6-58所示。

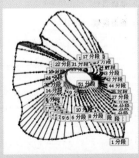

图6-58　平滑处理曲线

⑪ 切换到俯视图。参考"俯视图"图像，使用【圆】工具绘制一个圆，此圆要稍大于图像中的圆，如图6-59所示。

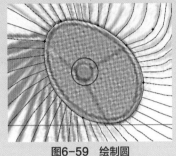

图6-59　绘制圆

⑫ 将顶部的圆和上步骤绘制的圆进行复制，如图6-60所示。

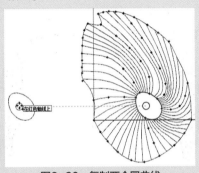

图6-60　复制两个圆曲线

⑬ 将复制出来的两个圆，分别转换成段数为30的多段线。

⑭ 框选两个圆，再单击【曲线放样】插件图标，生成放样曲面预览。在弹出的放样工具栏中单击【仅生成表面纵向线框】按钮，然后选取预览的线框，弹出【预览及参数设置面板】对话框。设置线框顶部的顶点旋转角度为3°，使其扭曲，最终单击【确定】按钮完成线框的创建，如图6-61所示。

◎提示·◦

复制出来的圆，如果是断开的，可以先使用【批量焊接】插件工具进行焊接，然后再转换为多段线。

⑮ 再次选中复制出来的两个圆，单击【曲线放样】插件图标，生成放样曲面预览。在放样工具栏中设置段数为3，单击【仅生成表面纵向线框】按钮和【仅生成表面横向线框】按钮，最后单击【确定】按钮完成线框的创建，如图6-62所示。

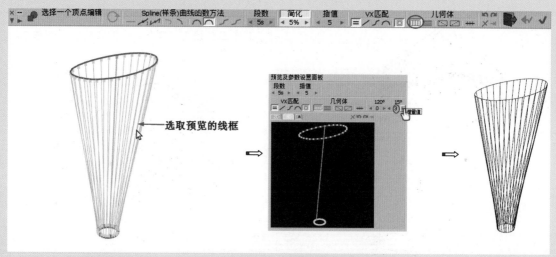

图6-61　创建线框

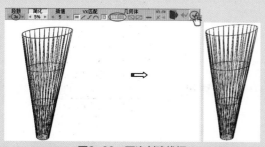

图6-62　再次创建线框

⑯ 将创建的线框平移到先前的竹梁结构曲线中，如图6-63所示。然后右击并执行【炸开模型】命令将创建的线框炸开。

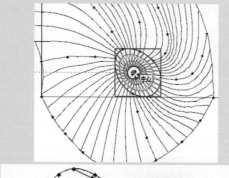

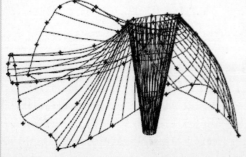

图6-63　平移线框

⑰ 在SUAPP面板中输入插件编号"148"，显示【线转圆柱】插件图标。选取所有竹梁结构曲线和线框内部的4条曲线，再单击【线转圆柱】插件图标，弹出【参数设置】对话框。在对话框中输入圆柱参数，单击【好】按钮创建竹梁结构，如图6-64所示。

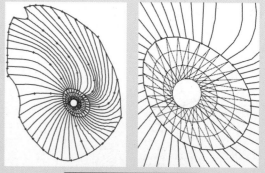

图6-64　选取要创建竹梁结构的曲线

⑱ 创建的竹梁结构如图6-65所示。余下的内部线框中的曲线来创建截面直径为20mm的圆柱，如图6-66所示。

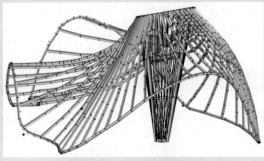

图6-65　创建的竹梁结构

图6-66　创建内部的竹篾网

2.创建竹篾格网

01 将在复制的多段线线框中进行竹篾网格设计。如图6-67所示,将贝兹曲线转换成多段线,段数为10。同理,将其余贝兹曲线也转换成多段线。

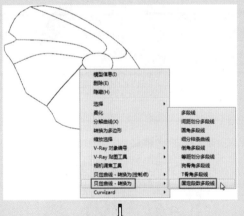

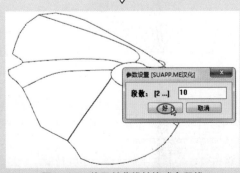

图6-67　将贝兹曲线转换成多段线

02 框选多段线,再单击SUAPP面板中的【轮廓放样】插件图标，在放样工具栏中单击【仅生成表面纵向线框】和【仅生成表面横向线框】按钮,再单击【确定】按钮✔,创建轮廓放样模型(自动成群组的线框模型),如图6-68所示。

03 双击线框模型,选取所有的曲线,使用Ctrl+C组合键进行复制,如图6-69所示。接着将线框模型隐藏,仅显示原有的多段线。

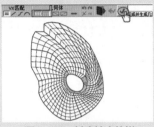

图6-68　创建轮廓放样　　图6-69　复制曲线

04 再次框选多段线,单击【轮廓放样】插件图标，在弹出的放样工具栏中单击【以虚拟矩形模式生成表面】按钮，创建曲面模型(自动生成群组),如图6-70所示。

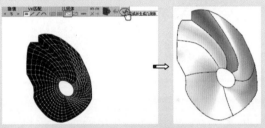

图6-70　创建曲面模型

05 选取曲面模型,右击并执行【柔化/平滑边线】命令,在默认面板的【柔化边线】卷展栏中拖动角度滑块到0位置,将会显示所有的平滑曲线,如图6-71所示。

🔘提示·

　　注意,曲面模型中有个别曲面方向与其他曲面不一致,可以双击进入群组编辑状态,右击,并执行【模型交错】命令,然后可以单独选取那个曲面(向相反)方并右击菜单中的【反向平面】命令,即可保证所有曲面的方向是一致的。最后需要炸开群组模型,重新再创建群组,以保证群组中的所有曲面成一整体。另外,曲面操作后,尽量多复制几个副本以备使用。

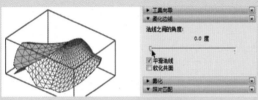

图6-71 柔化/平滑边线

06 双击曲面模型进入群组编辑状态，选取所有曲线、曲面后，在SUAPP面板中单击【清理曲线】插件图标 ，完成曲面的清理，仅保留曲线。

07 接着在菜单栏中执行【编辑】|【定点粘贴】命令，将先前使用Ctrl+C组合键进行复制的曲线粘贴进来，此时不要动鼠标，然后直接按Delete键删除亮显的结构线，此举可以删除横线和竖线，仅保留斜线，结果如图6-72所示。如果发现还存在残留的横线和竖线，可手动选取来删除，也可以多次执行【定点粘贴】命令来反复删除。将曲面模型群组暂时隐藏。

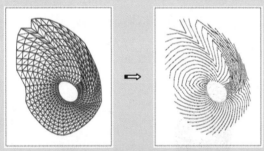

图6-72 删除曲线仅保留斜线

08 同理，按此方法，再创建一个斜向相反的放样曲面模型（在放样工具栏中单击【以虚拟矩形模式生成表面】按钮），定点粘贴并删除曲线后的结果如图6-73所示。

图6-73 创建另一斜向的斜线

09 显示隐藏的曲面模型群组，得到如图6-74所示的网状曲线效果。框选所有曲面模型，右击并执行【炸开模型】命令，炸开群组。

10 框选网状曲线，在SUAPP面板中单击【线转圆柱】插件图标 ，创建截面直径为20mm的圆柱，如图6-75所示。

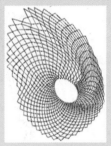

图6-74 网状曲线

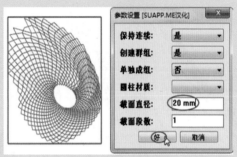

图6-75 创建圆柱

11 创建的圆柱就是竹篾格网，如图6-76所示。自行为竹篾格网添加一种材质，然后将其平移到竹梁结构中，如图6-77所示。

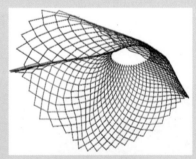

图6-76 竹篾格网

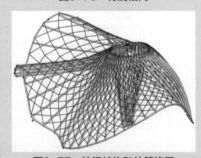

图6-77 竹梁结构和竹篾格网

3.创建有机玻璃防水层

01 框选第一个复制的主体结构曲线，在SUAPP面板中单击【轮廓放样】插件图标 ，在绘图区中显示放样预览和放样工具栏。

02 单击放样工具栏中的【确定】按钮 ，完成放样曲面模型的创建，如图6-78所示。

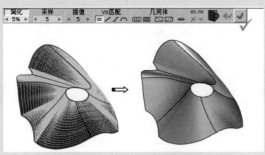

图6-78 创建放样曲面模型

03 双击曲面模型，进入群组编辑状态。选中曲面，在SUAPP面板中搜索"加厚推拉"，然后单击【加厚推拉】插件图标，在数值栏中输入50mm，按Enter键完成曲面的加厚操作，以创建具有厚度的模型，如图6-79所示。

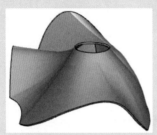

图6-79 加厚的模型

04 这个加厚的模型就是有机玻璃防水层，为其添加玻璃材质。最后平移到竹梁结构中，效果如图6-80所示。

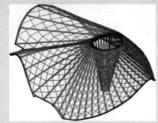

图6-80 创建完成的有机玻璃防水层

4.创建竹瓦、防水卷材、苇席

除了前面创建的竹梁结构、竹篾格网和有机玻璃防水层外，还有竹瓦、防水卷材和苇席需要创建。这三种结构的创建方法和过程是完全相同的，下面仅介绍创建竹瓦的过程。

01 显示隐藏的"俯视图"图像，然后将图像平移到第二个结构曲线位置上。

02 先利用【画点曲线】插件，参考图像创建点，如图6-81所示。

03 利用【三次贝兹曲线】插件和【直线】工具，参考这些点绘制出如图6-82所示的封闭曲线。

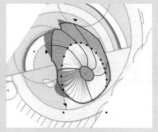

图6-81 创建点

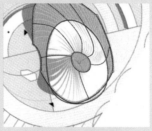

图6-82 绘制封闭曲线

04 框选主体结构曲线，单击【轮廓放样】插件图标，在绘图区中显示放样预览和放样工具栏。

05 单击放样工具栏中的【确定】按钮，完成放样曲面模型的创建，如图6-83所示。右击并执行【炸开模型】命令，炸开曲面模型。

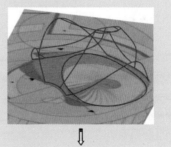

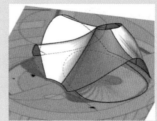

图6-83 创建放样曲面模型

06 选取封闭曲线，在SUAPP面板中输入"156"或"拉线成面"，然后单击【拉线成面】插件图标，选取封闭曲线上的一点作为拉出起点，往上拉出曲面，如图6-84所示。

07 利用SUAPP【生成泡泡】插件，创建上下封闭面，如图6-85所示。

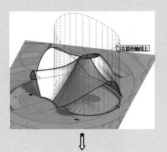

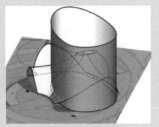

图6-84　拉线成面

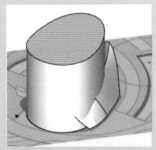

图6-85　创建上下封闭面

08 框选放样曲面和拉伸面、封闭面，再右击并执行【模型交错】|【模型交错】命令，可得模型相交曲线，如图6-86所示。

09 产生相交曲线后，将多余曲面删除，结果如图6-87所示。

图6-86　模型交错

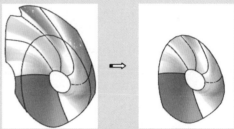

 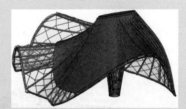

图6-87　删除多余曲面的结果

10 最后利用【加厚推拉】插件，推拉出厚度为50mm的薄壳。

11 为创建的薄壳添加木材质，并将其平移到竹梁结构中。至此，完成了"云在亭"的造型设计，如图6-88所示。

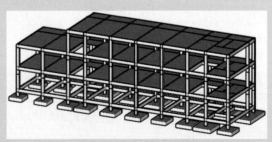

图6-88　创建完成的"云在亭"造型

6.3 基于BIM的办公楼建筑结构设计案例

源文件：\Ch06\商业楼.skp
结果文件：\Ch06\办公楼BIM结构设计.skp
视频：\Ch06\办公楼BIM结构设计.wmv

前面介绍了SUAPP插件库的安装与界面布局设置，接下来利用SUAPP插件库中的BIM建筑插件进行一个办公楼的结构设计建模，如图6-89所示为创建的办公楼结构模型。

图6-89　办公楼结构模型

6.3.1 轴网设计

由于在本案例中会多次使用到BIM建模工具，所以特将SUAPP插件库中【轴网墙体】类型下的【BIM建模】组单独成立一个应用类型，也就是重新创建一个分类，以便于迅速找到BIM建模工具，如图6-90所示。

图6-90　重新安装BIM建模插件组

<!--提示-->

◎提示 ·◦

先到【我的插件库】网页端去删除【BIM建模】组，然后重新到插件库页面去下载及安装此插件组，如图6-91所示。

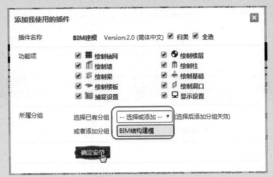

图6-91　安装方法

在BIM结构设计流程中，首先要建立轴网。

01 在菜单栏中执行【文件】|【导入】命令，从本例 "\源文件\Ch06\结构图纸" 源文件夹中导入 "基础平面布置图.dwg" 图纸，如图6-92所示。

◎提示 ·◦

在建模时，最好通过AutoCAD软件打开相关的图纸，可以参考图纸中的尺寸进行建模，SketchUp 中导入图纸是没有尺寸显示的。

02 在菜单栏中执行【相机】|【平行投影】命令，将视图切换为平行视图模式。

03 接下来利用【移动】工具✛，将图纸轴网中左下角的轴线交点作为移动起点，将图纸移动到坐标系原点，如图6-93所示。

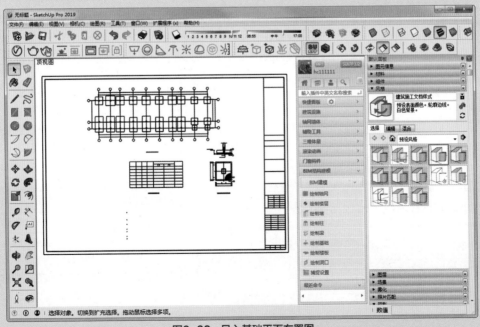

图6-92　导入基础平面布置图

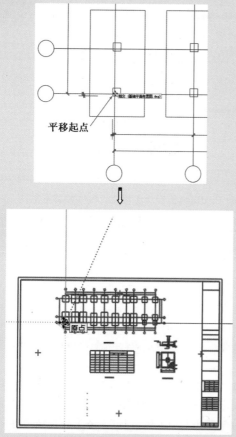

平移起点

原点

图6-93 平移图纸

04 在SUAPP插件库面板的【BIM结构建模】分类【BIM建模】组中单击【绘制轴网】按钮Ⅲ，弹出【绘制轴网】对话框。参考AutoCAD软件中的"基础平面布置图.dwg"图纸尺寸，在此对话框中输入水平轴线的文字1@2.1m，7.2m，在垂直轴线文字框中输入8@4m，3.3m，4.5m，4.5m，4.5m，4.5m，3m，4.5m，4.5m文字，如图6-94所示。

◎提示·◎

　　水平轴线表示轴网中编号为字母的轴线，垂直轴线为数字编号的轴线。1@2.1m，7.2m的意思是："1"数字表示第一个轴线间距的副本数，1表示保持原有轴线，如果改成2，那么在原有轴线的前面会增加1条轴线（轴线间距也是为2.2m），所以只写1即可；"@"表示相对坐标输入；"2.1m"表示水平轴线第一条与第二条之间的间距为2.2米；"7.2m"表示第二条与第三条轴线之间的间距为7.2米，轴线之间的间距值须以英文输入法的逗号","隔开。垂直轴线文字框中的文字意义也是如此。

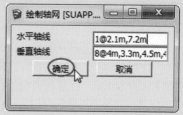

图6-94 设置轴网参数

05 在大工具集中单击【尺寸】按钮，标注轴线，如图6-95所示。标注轴线时暂时将导入的图纸移开。

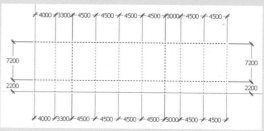

图6-95 标注轴网

　　注意：尺寸标注默认为带单位m的，可以在菜单栏执行【窗口】|【模型信息】命令，在弹出的【模型信息】对话框中取消勾选【显示单位格式】命令即可。

6.3.2 地下层基础与结构柱设计

　　本例建筑的基础尺寸可按照基础平面布置图中的"基础配筋表"来确定。基础为独立基础，且形状及尺寸各一，但为了简化建模，这里可将所有基础的高度H值统一为600mm。基础底座的标高设置为-720mm（基础顶标高为-120mm）。要参考的基础平面布置图如图6-96所示。

01 创建基础标高。在【BIM建模】组单击【绘制楼层】按钮，在弹出的【绘制楼层】对话框中设置标高值为"3600"，单击【确定】按钮完成标高的设置，如图6-97所示。

◎提示·◎

　　楼层标高可以参考本例源文件夹中的"教学楼（建筑、结构施工图）.dwg"图纸里面的立面图。BIM结构建模插件的标高创建目前不能创建出0标高或负标高，所以只能先创建出一层的标高，待创建基础后，将所有基础的模型向下移动即可。

中文版SketchUp 2022完全实战技术手册

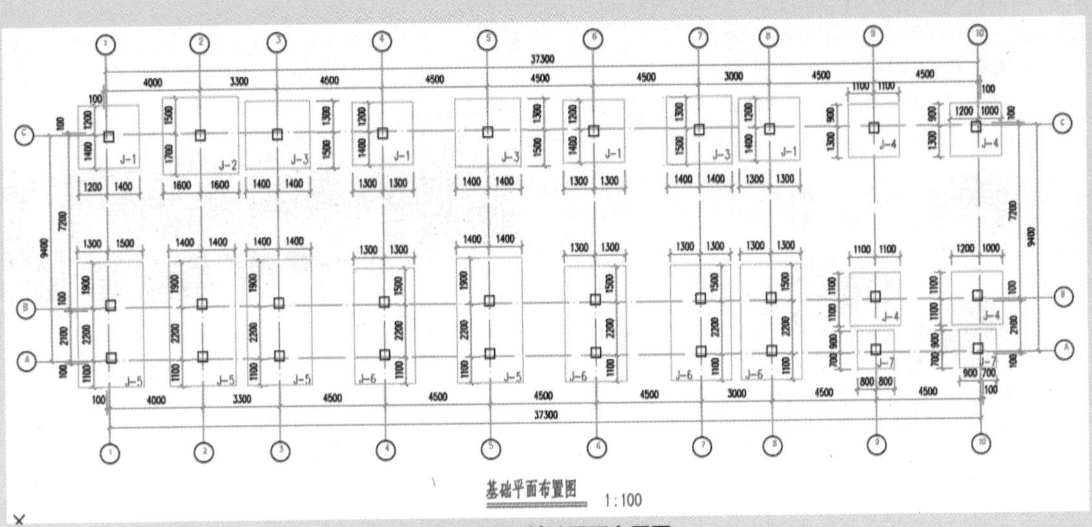

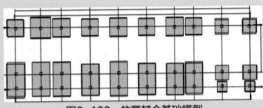

图6-96 基础平面布置图

02 在【视图】工具栏中单击【俯视图】按钮 ▣，切换到俯视图。单击【绘制基础】按钮 ♣，弹出【绘制基础】对话框。首先创建出J-1编号的基础，输入基础参数后单击【确定】按钮，如图6-98所示。

图6-97 创建标高 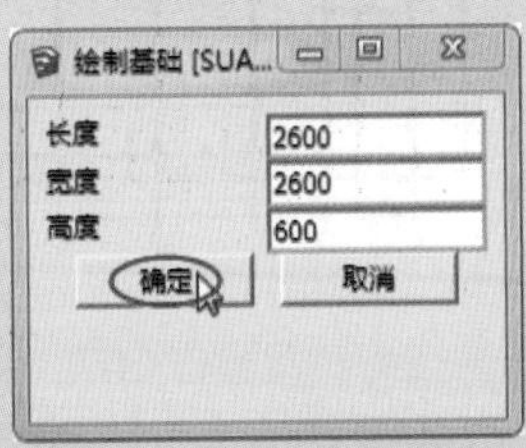　　图6-98 绘制第一种基础

03 接着参考基础平面布置图图纸，将基础模型放置在视图中，如图6-99所示。

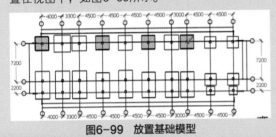

图6-99 放置基础模型

04 同理，陆续将J-2（3200mm×3200mm×600mm）、J-3（2800mm×2800mm×600mm）、J-4（2200mm×2200mm×600mm）、J-5（5200mm×2800mm×600mm）、J-6（4800mm×2600mm×600mm）和J-7（1600mm×1600mm×600mm）等基础模型放置在视图中，完成结果如图6-100所示。

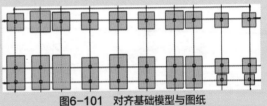

图6-100 放置其余基础模型

05 通过使用【平移】工具，先将视图中的基础模型对齐导入图纸中的基础线，如图6-101所示。

图6-101 对齐基础模型与图纸

06 接下来创建结构柱，地下层结构柱的尺寸请参考结构图纸文件夹中的"一层柱配筋平面布置图.dwg"。所有结构柱的形状及尺寸都是相同的，所以仅创建一根结构柱，然后复制出其他结构柱即可。在【BIM建模】组中单击【绘制柱】按钮 ▥，弹出【绘制柱】对话框。选择"混凝土"材质和"矩形"类型，设置宽度与长度均为400mm，单击【确定】按钮，如图6-102所示。

图6-102 设置结构柱参数

111

⑦ 然后在俯视图中放置结构柱，如图6-103所示。柱子的默认高度为楼层标高高度，由于放置柱子时参考的柱顶部，而且又是参考了导入图纸，所以放置的结构柱全部在图纸下。

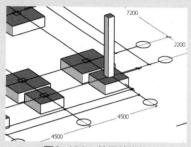

图6-103　放置结构柱

⑧ 切换到前视图。通过【移动】工具，将所有独立基础模型向下平移-1200mm，如图6-104所示。

图6-104　向下平移独立基础模型

⑨ 旋转视图，放大显示结构柱底部。在SUAPP插件库面板【辅助工具】分类下的【超级推拉】组中单击【加厚推拉】按钮，然后选取柱子底部面，向下推拉出1200mm的长度，连接到基础上，如图6-105所示。

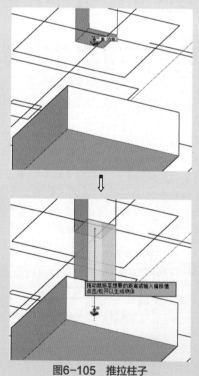

图6-105　推拉柱子

⑩ 利用【移动】工具，按住Ctrl键将结构柱复制到其他基础上，完成结果如图6-106所示。

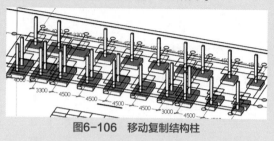

图6-106　移动复制结构柱

6.3.3　一层结构设计

一层的结构包括从0标高到3600mm标高之间的地梁、结构柱（已创建）、一层结构梁、结构楼板等。

① 在视图中删除导入的基础平面布置图。导入"地梁配筋图.dwg"图纸，将图纸按照基础平面布置图时的位置进行对齐操作，如图6-107所示。

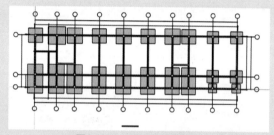

图6-107　导入地梁配筋图

② 先将结构柱全部隐藏。选中所有结构柱再右击并执行【隐藏】命令，即可隐藏对象。

③ 在【BIM建模】组中单击【绘制梁】按钮，弹出【绘制梁】对话框。设置地梁的尺寸后单击【确定】按钮，如图6-108所示。

图6-108　绘制梁

④ 以轴网为参考绘制结构梁（以"线框"显示模型），如图6-109所示。绘制的梁模型是以轴线为中心进行绘制的，而图纸中的梁左右两边是不对称的，所以使用【移动】工具移动梁模型与图纸中的梁对齐。

中文版SketchUp 2022完全实战技术手册

图6-109 绘制结构梁

◎提示·◦

　　绘制一段梁体后，按Esc键结束，可以继续绘制其他梁体。如果要结束命令，按Enter键即可。

⑤ 同理，再绘制出200mm×450mm的结构梁，如图6-110所示。

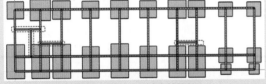

图6-110 补齐其余结构梁

⑥ 在插件库面板【辅助工具】分类【超级推拉】组中单击【跟随推拉】按钮，然后将4个角落结构梁交汇处做推拉面操作，如图6-111所示。

⑦ 在【实体工具】工具栏中单击【实体外壳】按钮，将结构梁两两进行合并。

⑧ 在菜单栏中执行【编辑】|【取消隐藏】|【全部】命令，显示隐藏的结构柱。

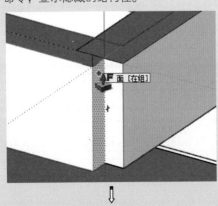

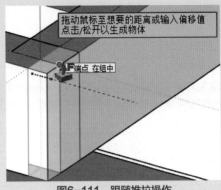

图6-111 跟随推拉操作

⑨ 创建一层的结构梁（参考"二层梁配筋图.dwg"），将地梁复制到结构柱顶部（向上移动并复制3600mm），如图6-112所示。

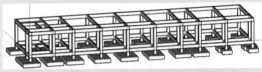

图6-112 复制一层的结构梁

⑩ 创建一层的楼板（参考"二层板配筋图.dwg"图纸）。在【BIM建模】组中单击【绘制楼板】按钮，弹出【绘制楼板】对话框。设置楼板厚度为120mm，然后单击【确定】按钮，在俯视图中绘制楼板边界，系统自动创建楼板，如图6-113所示。

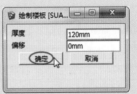

图6-113 创建一层结构楼板

⑪ 一层结构楼板设计完成效果如图6-114所示。

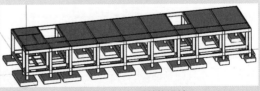

图6-114 一层结构设计

6.3.4 二、三层结构设计

二层结构设计其实比较简单，其结构与第一层是完全相同的。

01 切换到前视图。在视图中框选一层中的结构柱、结构梁和结构楼板，然后利用【移动】工具，按住Ctrl键向上移动复制3600mm，结果如图6-115所示。

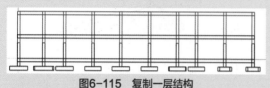

图6-115　复制一层结构

02 三层与二层有些不同，但可以复制部分结构到三层中，结构楼层需要重新创建，复制效果如图6-116所示。

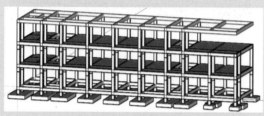

图6-116　复制三层结构

03 将三层结构的梁选中，右击并执行【炸开模型】命令进行分解。

04 利用【直线】工具进行绘线分割曲面，分割曲面后删除，得到如图6-117所示的结果。

05 先创建楼层，然后在【BIM建模】组中单击【绘制楼板】按钮 🟥，创建三层的结构楼板（绘制之前），如图6-118所示。

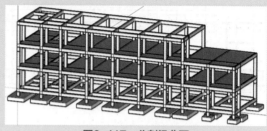

图6-117　分割梁曲面

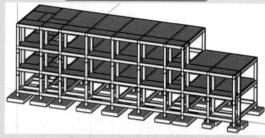

图6-118　创建三层结构楼板

06 可利用【实体工具】工具栏中的【实体外壳】工具，将梁、柱、楼板等构件全部合并起来。至此就完成了办公楼的结构设计。至于建筑设计及装饰设计部分，读者可以利用【建筑设施】分类及【门窗构件】分类等工具自行完成创建。

第7章
景观地形设计

本章介绍如何使用SketchUp中的沙箱工具创建出不同的地形场景。

知 识 要 点

- 地形在景观中的应用
- 沙箱工具
- 地形创建综合案例

7.1　地形在景观中的应用

从地理角度来看，地形是指地貌和地物的统称。地貌是地表面高低起伏的自然形态，地物是地表面自然形成和人工建造的固定性物体。不同地貌和地物的错综结合，就会形成不同的地形，如平原、丘陵、山地、高原、盆地等。如图7-1和图7-2所示为常见的丘陵地形。

图7-1　丘陵地形一

图7-2　丘陵地形二

7.1.1　景观结构作用

在景观设计的各个要素中，地形可以说是最重要的一个。地形是景观设计各个要素的载体，为其余各个要素如水体、植物、构筑物等的存在提供一个依附的平台。地形就像动物的骨架一样，没有地形就没有其他各种景观元素的立身之地，没有理想的景观地形，其他景观设计要素就不能很好地发挥作用。从某种意义上讲，景观设计中的微地形决定着景观方案的结构关系，也就是说在地形的作用下，景观中的轴线、功能分区、交通路线才能有效结合。

7.1.2　美学造景

地形在景观设计中的应用发挥了极大的美学作用。微地形可以更容易地模仿出自然的空间，如林间的斜坡，点缀着棵棵松柏杉木以及遍布雪松的深谷等。中国的绝大多数古典园林都是根据地形来进行设计的，例如苏州园林的名作狮子林和网师园、无锡的寄畅园、扬州的瘦西湖等，其都充分地利用了微小地形的起伏变换，或山或水，对空间精心巧妙地构建和建筑的布局，从而营造出让人难以忘怀的自然意境，给游人以美的享受。

地形在景观设计中还可以起到造景的作用。微地形既可以作为景物的背景衬托出主景，同时也起到增加景观深度，丰富景观层次的作用，使景点有主有次。由于微地形本身所具备的特征：波澜起伏的坡地、开阔平坦的草地、水面和层峦叠嶂的山地等，其自身就是景观。而且地形的起伏为绿化植被的立面发展创造了良好的条件，避免了植物种植的单一和单薄，使乔木、灌木、地被各类植物各有发展空间，相得益彰。如图7-3和图7-4所示为景观地形设计效果。

图7-3　景观地形设计效果一

图7-4　景观地形设计效果二

7.1.3　工程辅助作用

众所周知，城市是非农业人口聚集的居民点。城市空间给人一种建筑感和人工色彩非常厚重的压抑感。景观行业的兴起在很大程度上是受到人们对这种压抑感的反抗。如明代计成所言"凡结林园，无分村郭，地偏为胜"，可见今天的城市限制了景观园林存在的方式。地形在改变这一状况上，发挥了很大的作用，地形可以通过控制景观视线来构成不同的空间类型。例如坡地、山体和水体可以构成半封闭或封闭的景观公园。

地形的采用有利于景区内的排水，防止地面积涝。如在我国南方地区，雨水量比较充沛，微地形的起伏有助于雨水的排放。微地形的利用还可以增加城市绿地量。据研究表明，在一块面积为5平方米的平面绿地上可种植树木2、3棵，而设计成起伏的微地形后，树木的种植量可增加1、2棵，绿地量增加了30%。

7.2　沙箱工具

SketchUp的沙箱工具，又称地形工具，使用沙箱工具可以生成和操纵表面。包括【根据等高线创建】【根据网络创建】【曲面起伏】【曲面平整】【曲面投射】【添加细部】【对调角线】7种工具。如图7-5所示为【沙箱】工具栏。

图7-5　【沙箱】工具栏

在初次使用SketchUp时，【沙箱】工具栏是不会显示在工具栏区域的，需要调取出来。在工具栏空白位置右击并执行【沙箱】命令，可以调出【沙箱】工具栏，如图7-6所示。或者在菜单栏执行【视图】|【工具栏】命令，在弹出的【工具栏】对话框中将【沙箱】选项勾选即可，如图7-7所示。

图7-6　从右键菜单中调出工具栏

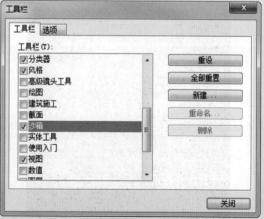

图7-7　从菜单栏中调出工具栏

7.2.1 【根据等高线创建】工具

　　【根据等高线创建】工具可以封闭相邻等高线形成三角面。等高线可以是直线、圆、圆弧、曲线，将这些闭合或者不闭合的线形成一个面，从而产生坡地。

【例7-1】创建等高线

① 单击【圆】按钮●，绘制几个封闭曲面，如图7-8所示。

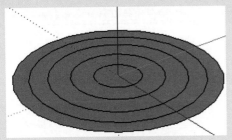

图7-8　绘制几个封闭曲面

② 因为需要的是线而不是面，所以需要删除面，如图7-9所示。

图7-9　删除面保留线

③ 单击【选择】按钮，将每条线选中，单击【移动】按钮✛，移动每条线与蓝轴对齐，如图7-10所示。

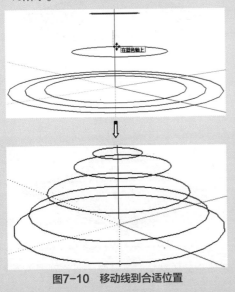

图7-10　移动线到合适位置

④ 单击【选择】按钮，选中等高线，最后单击【根据等高线创建】按钮，即可创建一个像小山丘的等高线坡地，如图7-11所示。

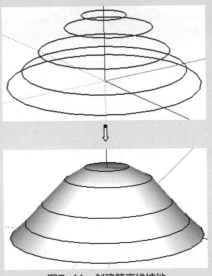

图7-11　创建等高线坡地

7.2.2 【根据网格创建】工具

　　【根据网格创建】工具主要是绘制平面网格，只有与其他沙箱工具配合使用，才能起到一定效果。

【例7-2】创建网格

① 单击【根据网格创建】按钮，在数值文本框出现以"栅格间距"为名称的输入栏，如输入"2000"，按Enter键结束操作。

② 在场景中单击确定第一点，按住左键不放向右拖动，如图7-12所示。

图7-12　绘制第一方向网格线

③ 单击确定第二点，向下拖动光标，如图7-13所示。

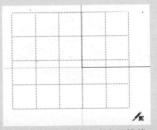

图7-13　绘制第二方向网格线

04 单击确定网格面，从俯视图转换到等轴视图，如图7-14所示。

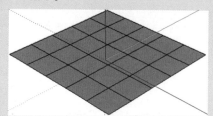

图7-14　完成网格面

7.2.3　【曲面起伏】工具

【曲面起伏】工具主要用于对平面线、点进行拉伸，改变起伏度。

【例7-3】创建曲面起伏

01 双击网格，进入网格编辑状态，如图7-15所示。

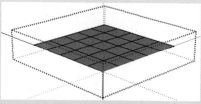

图7-15　进入网格编辑状态

02 单击【曲面起伏】按钮 ，开启曲面起伏创建，如图7-16所示。

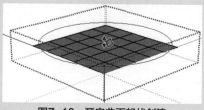

图7-16　开启曲面起伏创建

03 红色的圈代表半径大小，数值文本框输入值可以改变半径大小，如输入"5000"，按Enter键结束操作。对着网格按住左键不放，向上拖动，然后松开鼠标，在场景中单击一下，最终效果如图7-17所示。

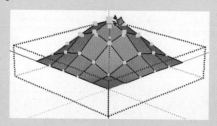

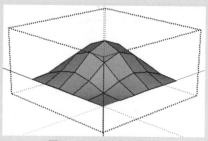

图7-17　创建曲面起伏

04 在数值文本框中改变半径大小，如输入"500"，曲面起伏线效果如图7-18所示。

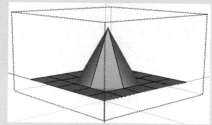

图7-18　修改起伏半径

7.2.4　【曲面平整】工具

当模型处于有高差距离倾斜时，使用【曲面平整】工具可以偏移一定的距离将模型放在地形上。

【例7-4】创建曲面平整效果

01 绘制一个矩形模型，移动放置到地形中，如图7-19所示。

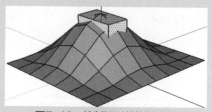

图7-19　绘制矩形并拖拉出块

02 再移动放置到地形上方，如图7-20所示。

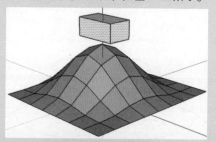

图7-20　移动矩形块

03 单击【曲面平整】按钮 ，这时矩形模型下方出现一个红色底面,如图7-21所示。

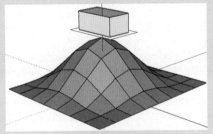

图7-21　显示红色底面

04 单击地形,按住左键不放向上拖动,使矩形模型与曲面对齐,如图7-22所示。

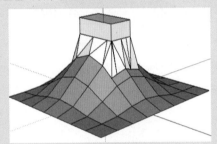

图7-22　曲面平整结果

7.2.5　【曲面投射】工具

【曲面投射】工具就是在地形上放置路网,一是将地形投射到水平面上,在平面上绘制路网;二是在平面上绘制路网,再把路网放到地形上。

【例7-5】地形投射平面

将地形投射到一个长方形平面上进行操作。

01 在地形上方创建一个长方形平面,如图7-23所示。

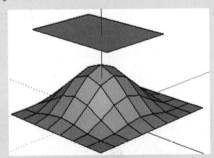

图7-23　创建长方形平面

02 使用【选择】工具选中长方形平面,再单击【曲面投射】按钮,如图7-24所示。

03 对着长方形单击确定,则将地形投射在平面上,如图7-25所示。

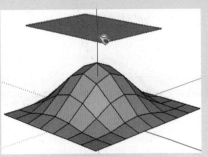

图7-24　选择要投射的平面

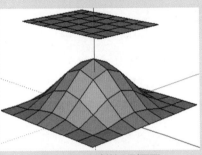

图7-25　投射地形到平面

【例7-6】平面投射地形

将一个圆平面投射到地形上进行操作。

01 在地形上方创建一个圆平面,如图7-26所示。

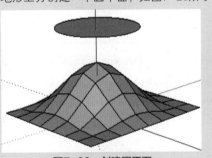

图7-26　创建圆平面

02 使用【选择】工具选中地形,再单击【曲面投射】按钮,如图7-27所示。

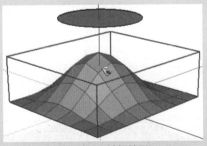

图7-27　选择地形

03 对着地形单击确定,则将平面投射到地形中,如图7-28所示。

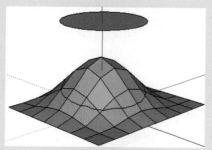

图7-28 投射圆面到地形上

7.2.6 【添加细部】工具

【添加细部】工具，主要是将网格地形按需要进行细分，以达到精确的地形效果。

【例7-7】细分网格

①① 双击进入网格地形编辑状态，如图7-29所示。

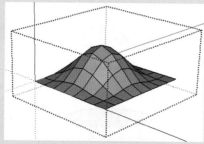

图7-29 进入地形编辑状态

②② 选中网格地形，如图7-30所示。

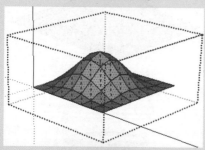

图7-30 选中网格地形

③③ 单击【添加细部】按钮 ，当前选中的几个网格即可以被细分，如图7-31所示。

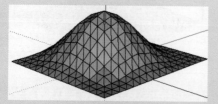

图7-31 细分网格

7.2.7 【对调角线】工具

【对调角线】工具，主要是对四边形的对角线进行翻转变换，使模型发生一些微调。

【例7-8】对调角线

①① 双击网格地形进入编辑状态，单击【对调角线】按钮 ，移动网络到地形线上，如图7-32所示。

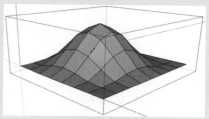

图7-32 移动网格

②② 单击对角线，此时对角线发生翻转，如图7-33所示。

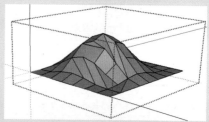

图7-33 对角线发生翻转

7.3 地形创建综合案例

在学习了沙箱工具的使用后，接下来主要利用沙箱工具绘制地形场景，包括如何绘制山峰地形、绘制山丘地形、塑造地形场景、创建颜色渐变地形、创建卫星地形，内容丰富，使读者能迅速掌握创建不同的地形场景的方法。

案例——绘制山峰地形

本案例主要是利用沙箱工具绘制山峰地形，其效果图如图7-34所示。

图7-34 山峰地形

结果文件：\Ch07\山峰地形.skp

视频：\Ch07\山峰地形.wmv

01 单击【根据网格创建】按钮 ，在数值文本框中将栅格间距设为2000mm，绘制网格地形，如图7-35所示。

图7-35 绘制网格地形

02 双击进入网络地形编辑状态，如图7-36所示。

图7-36 网络地形编辑状态

03 单击【曲面起伏】按钮 ，在数值文本框设定半径值，拉伸网格，如图7-37所示。

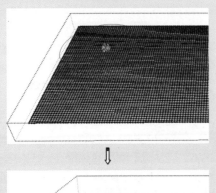

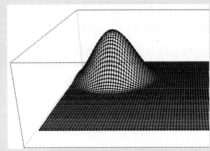

图7-37 创建曲面起伏

04 继续拉伸出有高低层次感的连绵山锋效果，如图7-38所示。

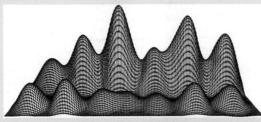

图7-38 连绵山锋效果

05 选中地形，在【柔化边线】卷展栏中勾选【平滑法线】和【软化共面】复选框，如图7-39所示。

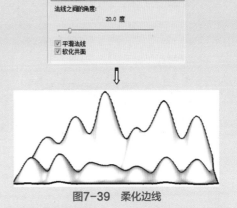

图7-39 柔化边线

06 在【材质】卷展栏中，找到一种适合山峰的"模糊植被02"材质填充地形，如图7-40所示。

图7-40 填充地形材质

案例——创建颜色渐变地形

本案例主要是利用一张渐变图片对地形进行投影，如图7-41所示为效果图。

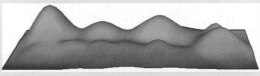

图7-41

结果文件：\Ch07\渐变地形.skp

视频：\Ch07\渐变地形.wmv

01 在PhotoShop软件里利用渐变工具，制作一张颜色渐变的图片，如图7-42和图7-43所示。完成后导出为图片格式文件。

第7章 景观地形设计

图7-42　设置渐变色

图7-43　制作渐变色图片

02　在SketchUp 中单击【根据网格创建】按钮，绘制网格地形，如图7-44所示。

图7-44　绘制网格地形

03　双击进入编辑状态，单击【曲面起伏】按钮，创建山体，如图7-45~图7-47所示。

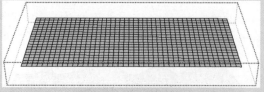

图7-45　激活网格地形

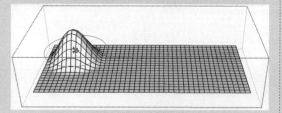

图7-46　拉手网格

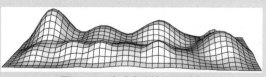

图7-47　完成山体地形的创建

04　在【柔化边线】卷展栏中勾选【平滑法线】和【软化共面】复选框，得到平滑地形效果，如图7-48和图7-49所示。

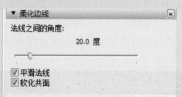

图7-48　柔化边线

图7-49　柔滑效果

05　执行【文件】|【导入】命令，导入渐变颜色图片，摆放在适合的位置，如图7-50所示。

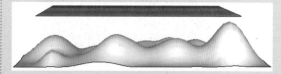

图7-50　导入图片

06　单击【缩放】按钮，对图片大小进行适当缩放，使其与地形相适合，如图7-51所示。

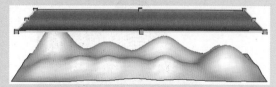

图7-51　缩放图片

07　分别选中图片和地形，右击并执行【分解】命令，如图7-52所示。

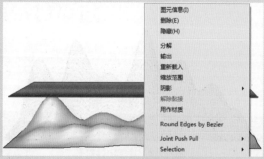

图7-52　分解图片与地形

中文版SketchUp 2022完全实战技术手册

⑧ 在【材质】卷展栏中单击【样本颜料】按钮🖌️，吸取图片材质，吸取到【材质】卷展栏中，如图7-53和图7-54所示。

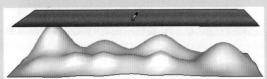

图7-53　吸取颜色材质

图7-54　吸取到【材质】卷展栏

⑨ 对地形填充材质，如图7-55所示。

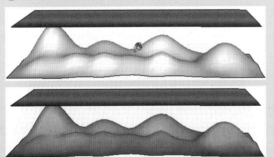

图7-55　填充材质给地形

⑩ 删除图片，渐变山体效果如图7-56所示。

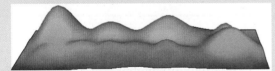

图7-56　最终效果

案例——创建卫星地形

　　本案例主要是利用一张卫星地形图片对地形进行投影，如图7-57所示为效果图。

图7-57　卫星地形

源文件：\Ch07\卫星地图.jpg
结果文件：\Ch07\卫星地形.skp
视频：\Ch07\卫星地形.wmv

① 单击【根据网格创建】按钮🔲，绘制网格地形，如图7-58所示。

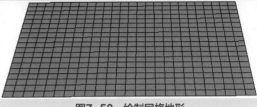

图7-58　绘制网格地形

② 双击网格地形进入编辑状态，单击【曲面起伏】按钮🔲，创建起伏地形，如图7-59和图7-60所示。

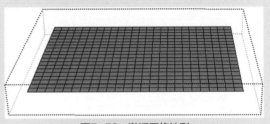

图7-59　激活网格地形

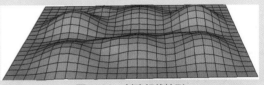

图7-60　创建起伏地形

③ 选中起伏地形，单击【添加细部】按钮🔲，细分曲面，结果如图7-61所示。

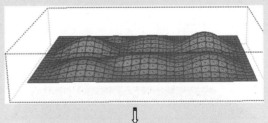

⇩

图7-61　细分曲面

④ 在【柔化边线】卷展栏中勾选【平滑法线】和【软化共面】复选框，得到平滑地形效果，如图7-62所示。

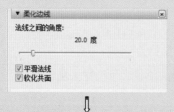

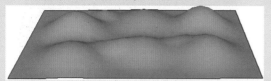

图7-62　柔化边线

05 执行【文件】|【导入】命令，导入卫星地形图片，如图7-63所示。

图7-63　导入地图

06 分别选中图片和地形，右击并执行【分解】命令，如图7-64所示。

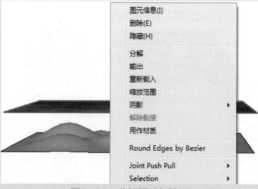

图7-64　分解图片与地形

07 在【材质】卷展栏中单击【样本颜料】按钮，吸取图片材质进行填充，如图7-65所示。

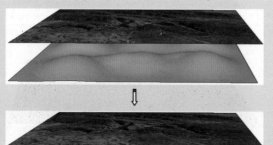

图7-65　填充材质给地形

08 删除图片，卫星地形效果如图7-66所示。

图7-66　卫星地形效果

案例——塑造地形场景

　　本案例主要是利用沙箱工具绘制地形，如图7-67所示为效果图。

图7-67　效果图

源文件：\Ch07\别墅模型.skp
结果文件：\Ch07\塑造地形场景.skp
视频：\Ch07\塑造地形场景.wmv

01 单击【根据网格创建】按钮，在数值文本框中的"栅格距离"中输入2000mm，绘制平面网格，如图7-68所示。

图7-68　绘制平面网格

02 双击平面网格，进入编辑状态，如图7-69所示。

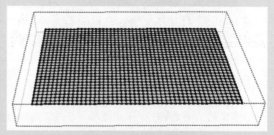

图7-69　激活平面网格

03 单击【曲面起伏】按钮，对网格地形进行任意的曲面起伏变形，曲面起伏效果。如图7-70所示。

04 对地形网格线进行柔化，如图7-71所示。调整后的网格地形边线如图7-72所示。

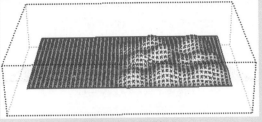

图7-75　激活地形

图7-70　曲面起伏变形

图7-76　选择颜色材质

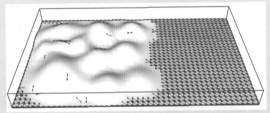

图7-71　平滑设置

图7-77　为地形填充颜色

09　单击【两点圆弧】按钮🔘和【直线】按钮✏️，画一条路面，如图7-78所示。

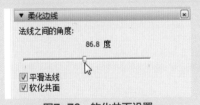

图7-72　平滑效果

05　再勾选【软化共面】复选框，如图7-73所示。调整后的效果如图7-74所示。

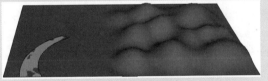

图7-78　绘制路面

10　单击【推拉】按钮，将路面向上推拉300mm，如图7-79所示。

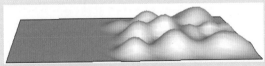

图7-73　软化共面设置

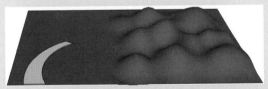

图7-79　推拉出路面效果

11　在【材质】卷展栏中，选择一种路面材质进行填充，如图7-80所示。

图7-74　软化共面效果

06　双击地形进入编辑状态，如图7-75所示。

07　在【材质】卷展栏中选择一种颜色材质，如图7-76所示。

08　为地形填充颜色，如图7-77所示。

图7-80　填充材质给路面

⑫ 执行【文件】|【导入】命令，打开别墅模型，放于地形适合的位置，如图7-81所示。

图7-81 导入别墅模型

⑬ 导入植物组件，最终效果如图7-82所示。

图7-82 导入植物组件

第8章
场景应用及设置

场景是针对渲染而言的。场景包含模型对象、环境配置、阴影效果、材质与贴图、光照及灯光效果等的渲染环境。本章将介绍场景中的阴影设置、场景的创建、场景样式及场景雾化效果等内容。

8.1 设置阴影

利用阴影功能，可以为场景渲染时添加真实的阴影效果。默认面板中的【阴影】卷展栏如图8-1所示。

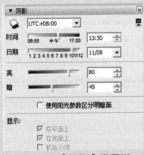

图8-1 【阴影】卷展栏

- 📷 按钮：表示显示或隐藏阴影。
- `UTC+08:00`：也可以称标准世界统一时间，选择下拉列表中不同的时区时间，可以改变阴影变化，如图8-2所示。

图8-2 时区时间列表

- 【时间】选项：可以调整滑块改变时间，调整阴影变化，也可在右边框中输入准确值，如图8-3~图8-6所示。

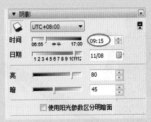

图8-3 时间选项

图8-4 阴影变化1

图8-5 阴影变化2

图8-6 阴影变化3

- 【日期】选项：可以根据滑块调整改变日期，也可在右边框输入准确值。
- 【亮/暗】选项：主要是调整模型和阴影的亮度和暗度，也可以在右边框输入准确值，如图8-7和图8-8所示。

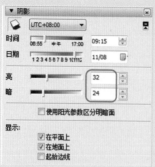

图8-7　设置日期选项

图8-8　阴影的明暗程度

- 【使用阳光参数区分明暗面】复选框：勾选该选项则代表在不显示阴影的情况下，依然按场景中的太阳光来表示明暗关系，不勾选则不显示。
- 【在平面上】复选框：启用平面阴影投射，此功能要占用大量的3D图形硬件资源，因此可能会导致性能降低。
- 【在地面上】复选框：启用在地面（红色/绿色平面）上的阴影投射。
- 【起始边线】复选框：启用与平面无关的边线的阴影投射。

◎提示·◎

　　SketchUp 中的时区是根据图像的坐标设置的，鉴于某些时区跨度很大，某些位置的时区可能与实际情况相差多达一个小时（有时相差的时间会更长）。夏令时不作为阴影计算的因子。

案例——创建阴影动画

　　本例主要利用阴影工具和场景设置进行结合，设置一个模型的阴影动画。

源文件：\Ch08\住宅模型1.skp
结果文件：\Ch08\阴影动画场景.skp、阴影动画视频.avi
视频：阴影动画.wmv

① 打开本例源文件"住宅模型1.skp"，如图8-9所示。

图8-9　打开住宅模型

② 在默认面板中展开【阴影】卷展栏，如图8-10所示。

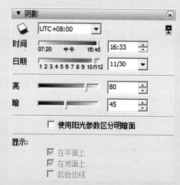

图8-10　展开【阴影】卷展栏

③ 将阴影日期设为2022年3月15日，如图8-11所示。

图8-11　设置日期

④ 将阴影时间滑块拖动到最左边，如图8-12所示。

⑤ 在菜单栏执行【编辑】|【阴影】命令，显示模型阴影，如图8-13所示。

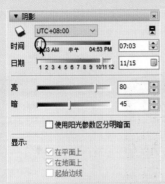

图8-12 设置阴影时间

图8-13 显示模型阴影

⑥ 在默认面板【场景】卷展栏单击【添加场景】按钮⊕，创建场景号1，如图8-14所示。

图8-14 创建场景号1

⑦ 将阴影时间滑块拖动到中午，如图8-15所示。

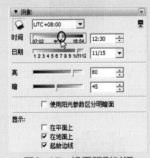

图8-15 设置阴影时间

⑧ 单击【添加场景】按钮⊕，创建场景号2，如图8-16和图8-17所示。

图8-16 创建场景号2

图8-17 场景2的阴影效果

⑨ 将阴影时间滑块拖动到最右边的晚上。单击【添加场景】按钮⊕，创建场景号3，阴影效果如图8-18所示。

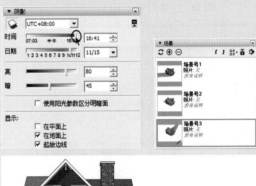

图8-18 设置阴影时间并创建场景号3

⑩ 在菜单栏执行【窗口】|【模型信息】命令，弹出【模型信息】对话框。设置动画参数，如图8-19所示。

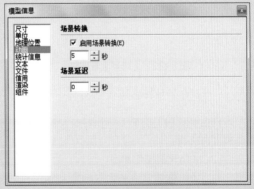

图8-19 设置模型动画参数

⑪ 在图形区上方场景号位置右击并执行【播放动画】命令，开始播放动画。可在弹出的【动画】对话框中单击【暂停】按钮或者【停止】按钮，暂停播放动画或完全停止播放动画，如图8-20所示。

图8-20　播放动画

⑫ 在菜单栏中执行【文件】|【导出】|【动画】|【视频】命令，将阴影动画导出，如图8-21所示。

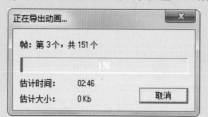

图8-21　导出阴影动画

8.2 创建场景

SketchUp 中的"场景"可以帮助设计师保存不同的模型视图和属性，然后将这些视图呈现给其他设计师。这里的"场景"只包括模型视图和模型的属性，仅仅是渲染场景的一部分。【场景】卷展栏包含该模型的所有场景的信息，在对话框中创建的场景会按顺序显示。在默认面板中的【场景】卷展栏如图8-22所示。

图8-22　【场景】卷展栏

案例——创建建筑生长动画

本例主要利用了剖切工具和场景设置功能来完成建筑生长动画。

源文件：\Ch08\建筑模型.skp

结果文件：\Ch08\建筑生长动画场景.skp、建筑生长动画视频.avi

视频：\Ch08\建筑生长动画.wmv

⑴ 打开本例源文件"建筑模型.skp"，如图8-23所示。

⑵ 将整个模型选中，右击并执行【创建组】命令，创建一个群组，如图8-24所示。

图8-23　打开模型　　图8-24　创建群组

⑶ 双击模型进入群组编辑状态，如图8-25所示。在【截面】工具栏中单击【截平面】按钮⊕，在模型底部添加一个截面，如图8-26和图8-27所示。

⑷ 将截面选中，单击【移动】按钮✥，按住Ctrl键不放，向上复制出三个截面，如图8-28所示。

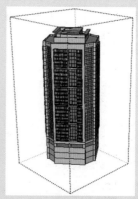

图8-25　进入群组编辑状态

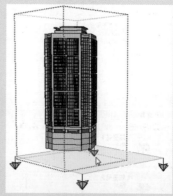

图8-26　添加截面

图8-27　观察截面

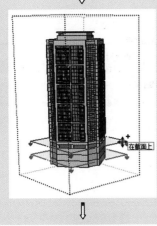

在截面上

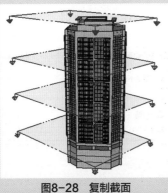

图8-28　复制截面

05 选择第一层截面，右击并执行【显示剖切】命令，仅显示第一层截面，而其他截面则自动隐藏，如图8-29所示。

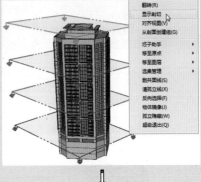

图8-29

06 在【场景】卷展栏中单击【添加场景】按钮⊕，创建场景号1，如图8-30所示。

图8-30　创建场景号1

07 选中截面2，右击并执行【显示剖切】命令，然后创建场景号2，如图8-31所示。

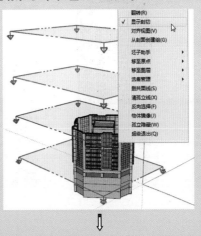

第8章　场景应用及设置

图8-31 创建场景号2

⑧ 选中截面3，右击并执行【显示剖切】命令，然后创建场景号3，如图8-32所示。

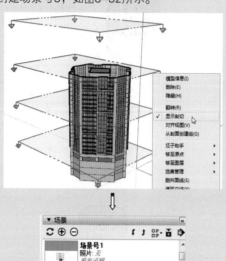

图8-32 创建场景号3

⑨ 选中截面4，右击并执行【显示剖切】命令，创建场景号4，如图8-33所示。

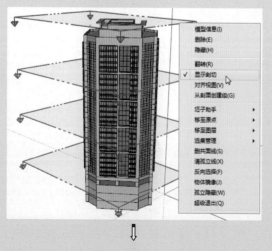

图8-33

⑩ 选择左上方场景号，右击并执行【播放动画】命令，弹出【动画】面板选择播放按钮，如图8-34所示。

图8-34

⑪ 在菜单栏执行【窗口】|【模型信息】命令，弹出【模型信息】面板，选择【动画】选项，参数设置如图8-35所示。

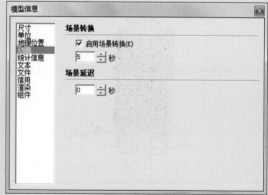

图8-35 动画设置

⑫ 执行【文件】|【导出】|【动画】|【视频】命令，将动画输出，如图8-36所示。

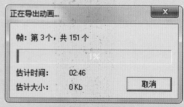

图8-36 动画输出

8.3 场景中的样式

　　SketchUp 样式设置，用于控制SketchUp 不同的样式显示样式，包含了选择不同设计样式的设置，也包含了对边线设置、平面设置、背景设置、水印设置、建模设置的编辑，还有两种样式混合，内容丰富，是SketchUp 中很重要的一个功能。

　　【样式】卷展栏如图8-37所示。

图8-37 　【样式】卷展栏

【例8-1】设置场景样式

　　以一幢建筑模型为例来展示不同的场景样式。

① 打开本例源文件"建筑模型1.skp"模型，如图8-38所示。

图8-38 　打开模型

② 在【样式】卷展栏【选择】标签下"Style Builder竞赛获奖者"类型下选择"带框的染色边线"样式，如图8-39所示。

图8-39 　设置"带框的染色边线"样式

③ 如图8-40所示为手绘样式及效果。

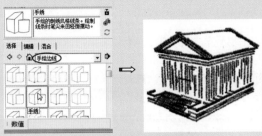

图8-40 　设置"手绘"样式

④ 如图8-41所示为帆布上的"分层样式"混合样式及效果。

图8-41 　设置"分层样式"混合样式

⑤ 如图8-42所示为"沙岩色和蓝色"样式及效果。

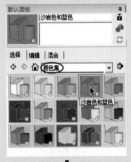

图8-42 　设置"沙岩色和蓝色"样式

【例8-2】编辑场景样式

以一个景观塔模型为例，对其背景颜色进行不同的设置。

① 打开本例源文件"景观塔.skp"模型，在【样式】卷展栏【编辑】标签下单击【背景设置】按钮，如图8-43所示为默认的背景样式。

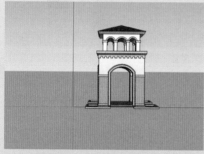

图8-43　默认背景样式

② 勾选【地面】复选框，则背景以地面颜色显示，如图8-44所示。

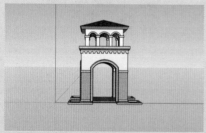

图8-44　显示地面

③ 取消勾选【天空】复选框，则会以背景颜色显示，如图8-45所示。

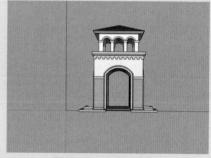

图8-45　取消天空显示

④ 单击颜色块，即可在弹出的【选择颜色】对话框中修改当前背景颜色，如图8-46所示。

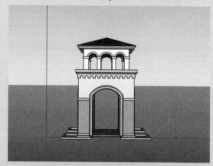

图8-46　改变背景颜色

◎提示·◦

如果想将修改后的颜色样式恢复到初始状态，取消选择预设样式即可。

中文版SketchUp 2022完全实战技术手册

案例——创建混合水印样式

源文件：\Ch08\木桥.skp、水印图片.jpg
结果文件：\Ch08\混合水印样式.skp
视频：\Ch08\混合水印样式.wmv

　　在混合样式里包括编辑样式和选择样式，这里以一个木桥为例，对其进行混合样式设置，如图8-47所示为效果图。

图8-47　效果图

①　打开本例源文件"木桥.skp"模型，如图8-48所示。

图8-48　打开模型

②　在【样式】卷展栏中的【混合】标签【混合风格】选项组中选一种样式，可吸取当前样式。一旦移动指针到上面的混合设置区域里，这时指针就变成了一个"油漆桶"，如图8-49和图8-50所示。

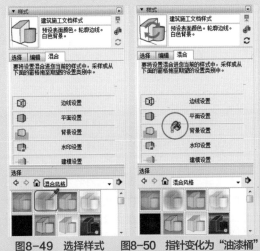

图8-49　选择样式　　图8-50　指针变化为"油漆桶"

③　依次单击【边线设置】、【背景设置】及【水印设置】按钮，即可完成混合样式效果的应用，如图8-51所示。

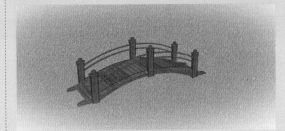

图8-51　应用混合样式

④　在【编辑】标签下单击【水印设置】按钮，弹出【水印设置】选项框，如图8-52所示。

图8-52　水印设置选项

⑤　单击【添加水印】按钮，选择一张图片，弹出【选择水印】面板，选择图片以背景样式显示在场景中，如图8-53和图8-54所示。

图8-53　添加水印图片

135

图8-54 应用水印

06 依次单击 下一个>> 按钮，对水印背景进行设置，如图8-55所示。

图8-55 设置水印

07 单击 完成 按钮，即可完成混合水印样式背景，如图8-56所示。

图8-56 创建完成的混合水印样式背景

8.4 场景雾化效果

SketchUp 中的雾化设置，能给模型增加一种起雾的特殊效果。在默认面板的【雾化】卷展栏如图8-57所示。

图8-57 【雾化】卷展栏

案例——创建商业楼雾化效果

这里以一片商业区模型为例，对其进行雾化设置操作。如图8-58所示为雾化效果。

图8-58 雾化效果

源文件：\Ch08\商业楼.skp
结果文件：\Ch08\商业楼雾化效果.skp
视频：\Ch08\商业楼雾化效果.wmv

01 从本例源文件中打开源文件"商业楼.skp"模型，如图8-59所示。

图8-59 打开商业楼模型

02 在默认面板【雾化】卷展栏中勾选【显示雾化】复选框，给模型场景添加雾化效果，如图8-60所示。

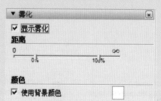

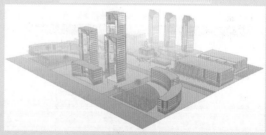

图8-60 添加雾化效果

03 取消勾选【使用背景颜色】复选框，单击颜色块，可设置不同的颜色雾化效果，如图8-61~图8-63所示。

图8-61 取消使用背景颜色

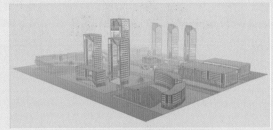

图8-62 单击颜色块

图8-63 设置不同的颜色雾化

案例——创建渐变颜色天空

本例主要应用了样式、雾化设置功能来完成渐变天空，如图8-64所示为效果图。

图8-64 渐变天空效果

源文件：\Ch08\住宅模型2.skp
结果文件：\Ch08\渐变颜色天空.skp
视频：\Ch08\渐变颜色天空.wmv

① 打开本例源文件"住宅模型2.skp"模型，如图8-65所示。

图8-65 打开住宅模型

② 在【样式】卷展栏的【编辑】标签中，单击【背景设置】按钮，如图8-66所示。

图8-66 单击【背景设置】按钮

③ 在【背景设置】选项下勾选【天空】和【地面】复选框，如图8-67所示。

图8-67 勾选【天空】和【地面】复选框

④ 选择【颜色块】调整颜色，将天空颜色调整为天蓝色，如图8-68和图8-69所示。

图8-68 调整天空颜色

图8-69 调整天空颜色的效果

⑤ 在默认面板【雾化】卷展栏中勾选【显示雾化】复选框，取消勾选【使用背景颜色】复选框，设置雾化颜色为橘黄色，如图8-70和图8-71所示。

第8章 场景应用及设置

图8-70　设置雾化

图8-72　调整渐变

图8-71　设置雾化颜色

06 将【距离】选项下的两个滑块调到两端，天空
即由蓝色渐变到橘黄色，结果如图8-72和图8-73
所示。

图8-73　最终的渐变效果

第9章
材质与贴图的应用

SketchUp 的材质组成包括颜色、纹理、贴图、漫反射和光泽度、反射与折射、透明与半透明、自发光等。材质在SketchUp 中应用广泛，可以将一个普通的模型添加上丰富多彩的材质，使模型展现得更生动。

知 识 要 点

- 使用材质
- 材质贴图
- 材质与贴图应用案例

9.1 使用材质

之前学习了如何使用SketchUp 中默认的材质，这部分主要学习如何导入材质及应用材质，如何利用材质生成器将图片生成材质。

【例9-1】导入材质

这里以一组下载好的外界材质为例，教读者学习如何导入外界材质。

① 在默认面板展开【材质】卷展栏，如图9-1所示。

图9-2 选择【打开和创建材质库】选项

图9-3 选择材质文件夹

图9-1 【材质】卷展栏

② 单击【详细信息】按钮 ，在弹出的菜单中选择【打开和创建材质库】选项，如图9-2所示。

③ 弹出【选择集合文件夹或创建新文件夹】对话框。然后在本例源文件夹中打开SketchUp 材质，如图9-3所示。

④ 单击【确定】按钮，即可将外界的材质导入到【材质】卷展栏中，如图9-4所示。

图9-4 添加完成的材质

【例9-2】材质生成

SketchUp 的材质除了系统自带的材质库以外，还可以下载添加材质，也可以利用材质生成器自制材质库。材质生成器是个自行下载的"插件"程序，可以将一些*.jpg、*.bmp格式的素材图片转换成*.skm格式，SketchUp 可以直接使用。

源文件：\Ch09\SKMList.exe

① 在本例源文件夹中双击 ✗SKMList.exe 程序，弹出【SketchUp 材质库生成工具】对话框，如图9-5所示。

图9-5 【SketchUp 材质库生成工具】对话框

② 单击 Path 按钮，打开【浏览文件夹】对话框，选择想要生成材质的图片文件夹，如图9-6所示。

图9-6 选择图片文件夹

③ 单击 确定 按钮，即将当前的图片添加到材质生成器中，如图9-7所示。

④ 单击 Save 按钮，弹出【另存为】对话框，将图片进行保存，如图9-8所示。

图9-7 添加材质到生成器中

图9-8 保存图片

⑤ 单击 保存(S) 按钮，图片生成材质完成，关闭材质库生成工具。

⑥ 打开【材质】卷展栏，利用之前学过的方法导入材质，如图9-9所示为已经添加完成的材质文件夹。

⑦ 双击文件夹，即可打开并应用当前材质，如图9-10所示。

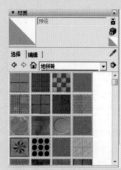

图9-9 添加完成的材质文件夹　图9-10 打开材质文件夹

【例9-3】材质应用

利用之前导入的SketchUp 材质，或者自己将喜欢的图片生成材质应用到模型中。

① 打开本例源文件"茶壶.skp"模型，如图9-11所示。

② 打开【材质】卷展栏，在材质下拉列表中选择之前导入的SketchUp 材质文件夹，如图9-12所示。

图9-11 打开模型

图9-12 选择材质文件夹

03 将模型进行框选，选一种适合的材质，如图9-13和图9-14所示。

图9-13 选中模型

图9-14 选择合适的材质

04 将光标移到模型上，填充材质，如图9-15和图9-16所示。

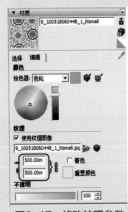

图9-15 填充材质　　　图9-16 材质效果

05 填充效果不是很理想，选择【编辑】选项，修改一下尺寸，如图9-17和图9-18所示。

图9-17 修改纹理参数　　图9-18 修改后的效果

06 修改一下材质颜色，效果如图9-19和图9-20所示。

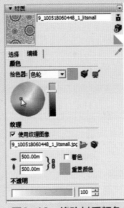

图9-19 修改材质颜色　　图9-20 修改的效果

9.2 材质贴图

SketchUp 中的材质贴图是应用于平铺图像的，即上色时，图案或图形可以垂直或水平地应用于任何实体，SketchUp 贴图坐标包括"固定图钉"和"自由图钉"两种模式。

9.2.1 固定图钉

固定图钉模式，每一个图钉都有一个固定而且特有的功能。当固定一个或更多图钉时，固定图钉模式可以按比例缩放、歪斜、剪切和扭曲贴图。在贴图上单击，可以确保固定图钉模式选中，注意每个图钉都有一个邻近的图标。这些图标代表了应用贴图的不同功能，这些功能只存在于固定图钉模式。

1.固定图钉

如图9-21所示为固定图钉模式。

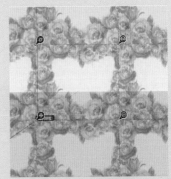

图9-21 固定图钉模式

■ 📌：拖动此图钉可移动纹理。

■ 📌：拖动此图钉可调整纹理比例和旋转纹理。

- ■ 🔍：拖动此图钉可调整纹理比例和修剪纹理。
- ■ 🔍：拖动此图钉可以扭曲纹理。

2.图钉右键菜单

如图9-22所示为图钉右键菜单。

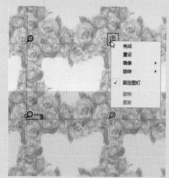

图9-22　图钉右键菜单

- ■ 完成：退出贴图坐标，保存当前贴图坐标。
- ■ 重设：重置贴图坐标。
- ■ 镜像：水平（左/右）和垂直（上/下）翻转贴图。
- ■ 旋转：可以在预定的角度里旋转90°、180°和270°。
- ■ 固定图钉：固定图钉和自由图钉模式的切换。
- ■ 撤销：可以撤销最后一个贴图坐标的操作，与编辑菜单中的撤销命令不同，这个还原命令一次只还原一个操作。
- ■ 重复：重做命令，可以取消还原操作。

9.2.2　自由图钉

自由图钉模式，只需将固定图钉模式取消勾选即可，操作起来比较自由，不受约束，读者可以根据需要自由调整贴图，但相对来说没有固定图钉方便。如图9-23所示为自由图钉模式。

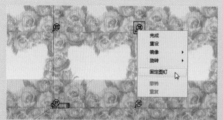

图9-23　自由图钉模式

9.2.3　贴图技法

在材质贴图中，大致可分为"平面贴图""转角贴图""投影贴图""球面贴图"几种方法，每一种贴图方法都有其不同之处，掌握了这几种贴图技巧，就能尽情发挥材质贴图的最大功能。

【例9-4】平面贴图

平面贴图只能对具有平面的模型进行材质贴图，以一个实例来讲解平面贴图的用法。

01 打开"立柜门.skp"源文件模型，如图9-24所示。

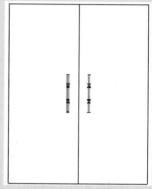

图9-24　打开模型

02 打开【材质】卷展栏，给立柜门添加一种适合的材质，如图9-25和图9-26所示。

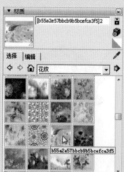

图9-25　选择材质　　图9-26　添加材质给立柜门

03 选中右侧门上的纹理图案，右击并执行【纹理】|【位置】命令，出现纹理图案的固定图钉模式，如图9-27和图9-28所示。

图9-27　选择右键菜单命令

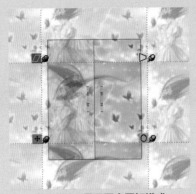

图9-28 显示固定图钉模式

04 根据之前所讲的图钉功能，调整材质贴图的4个图钉，调整完后右击并执行【完成】命令，如图9-29和图9-30所示。

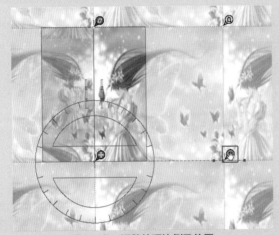

图9-29 调整纹理比例及位置

图9-30 完成效果

05 选中另一侧门上的纹理图案，右击并执行【纹理】|【位置】命令，然后进行纹理的比例及位置调整，结果如图9-31和图9-32所示。

06 调整完后右击并执行【完成】命令，如图9-33所示。最终材质贴图调整完成的效果如图9-34所示。

图9-31 执行右键菜单命令

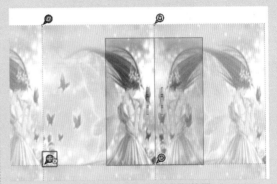

图9-32 调整纹理比例与位置

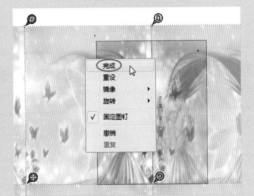

图9-33 结束纹理调整

图9-34 最终效果

◎提示·◦

　　材质贴图坐标只能在平面进行操作，在编辑过程中，按Esc键，可以使贴图恢复到前一个位置。按Esc键两次可以取消整个贴图坐标操作，在贴图坐标中，可以任何时候使用右键恢复到前一个操作，或者从相关菜单中选择返回。

【例9-5】转角贴图

　　转角贴图能将模型具有转角的地方进行一种无缝连接贴图，使贴图效果非常均匀。

01 打开本例源文件"柜子.skp"模型，如图9-35所示。

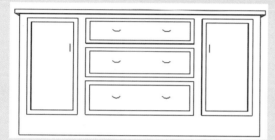

图9-35　打开模型

02 打开【材质】卷展栏，给柜子添加适合的材质，如图9-36和图9-37所示。

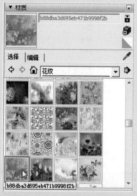

图9-36　选择材质贴图

图9-37　添加贴图给模型面

03 选中贴图图案，右击并执行【纹理】|【位置】命令，如图9-38所示。

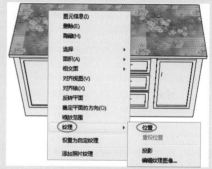

图9-38　选择右键菜单命令

04 调整图钉，右击并执行【完成】命令，如图9-39和图9-40所示。

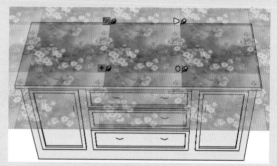

图9-39　调整图钉

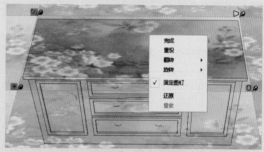

图9-40　完成调整

05 单击【材质】按钮并按住Alt键不放，光标变成吸管工具，对刚才完成的材质贴图进行样式吸取，如图9-41所示。

图9-41　吸取贴图样式

06 吸取材质贴图后即可对相邻的面填充材质，形成一种图案无缝连接的样式，如图9-42所示。

图9-42　填充给模型中的相邻面

07 依次对柜的其他地方填充材质贴图，效果如图9-43和图9-44所示。

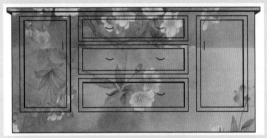

图9-43　完成其他面的填充

图9-44　最终效果

【例9-6】投影贴图

　　投影贴图可以将一张图片以投影的方式投射到模型上。

01 打开"咖啡桌.skp"源文件模型，如图9-45所示。

图9-45　打开模型

02 在菜单栏中执行【文件】|【导入】命令，导入一张图片，并平行于模型上方，如图9-46所示。

图9-46　导入图片

03 分别右击模型和图片，然后执行【分解】命令，如图9-47所示。

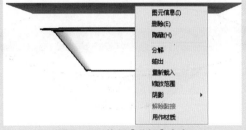

图9-47　执行【分解】命令

04 右击图片纹理并执行【纹理】|【投影】命令，如图9-48所示。

图9-48　选择【投影】命令

05 以"X光透射模式"来显示模型，方便查看投影效果，如图9-49所示。

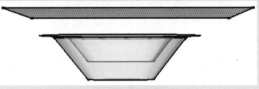

图9-49　设置"X光透射模式"

06 打开【材质】卷展栏，单击【样本颜料】按钮 ✐，吸取图片材质，如图9-50所示。

图9-50　吸取图片材质

07 对着模型单击，填充材质，如图9-51所示。

图9-51　填充材质

08 取消X射线样式,将图片删除,最终效果如图9-52所示。

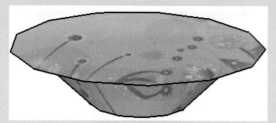

图9-52 最终效果

【例9-7】球面贴图

球面贴图,同样是以投影的方式,将图案投射到球面上。

01 绘制一个球体和一个矩形面,矩形面长宽与球体直径一样,如图9-53所示。

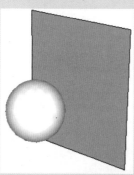

图9-53 绘制球体和矩形

02 在【材质】卷展栏的【编辑】标签下导入本例源文件夹中的"地球图片.jpg",给矩形面添加自定义纹理材质,如图9-54和图9-55所示。

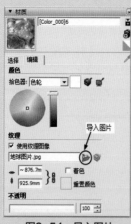

图9-54 导入图片

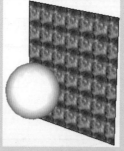

图9-55 添加贴图给矩形

03 填充的纹理不均匀,右击纹理贴图并执行【纹理】|【位置】命令,开启固定图钉模式,然后调整纹理贴图,如图9-56和图9-57所示。

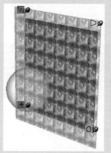

图9-56 开启固定图钉模式

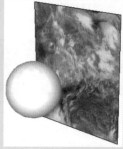

图9-57 调整纹理贴图

04 在矩形面上右击并执行【纹理】|【投影】命令,如图9-58所示。

图9-58 选择右键菜单命令

05 单击【材质】卷展栏中的【样本颜料】按钮,吸取矩形面材质,如图9-59所示。

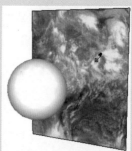

图9-59 吸取矩形面材质

06 对着球面单击,即可添加材质,如图9-60所示。最后将图片删除,得到如图9-61所示的地球效果。

图9-60 添加材质给球体

图9-61 地球效果

9.3 材质与贴图应用案例

在学习了贴图技法后，掌握了不同的贴图方法，这一部分以几个实例进行操作，使大家对材质贴图更加灵活地应用。

案例——填充房屋材质

本案例主要利用材质工具对一个房屋模型填充适合的材质，如图9-62所示为效果图。

图9-62　材质效果图

源文件：\Ch09\房屋模型.skp
结果文件：\Ch09\填充房屋材质.skp
视频：\Ch09\填充房屋材质.wmv

① 打开本例源文件"房屋模型.skp"模型，如图9-63所示。

图9-63　打开模型

② 在默认面板区域如果没有显示【材质】卷展栏，可在菜单栏执行【窗口】|【默认面板】|【材质】命令，弹出【材质】卷展栏，如图9-64所示。

图9-64　【材质】卷展栏

③ 在【材质】卷展栏中的【选择】标签下选择"复古砖01"材质，填充给墙体面，如图9-65所示。

图9-65　选择复古砖材质填充墙体

④ 如果填充的材质尺寸过大或者过小，可以在【编辑】标签下修改材质尺寸，如图9-66所示。

图9-66　调整材质参数

⑤ 继续选择"沥青屋顶瓦"屋顶材质，用以填充屋顶，如图9-67所示。

图9-67 填充屋顶

⑥ 选择"颜色适中的竹木"木质纹材质，用以填充门和窗框，如图9-68所示。

图9-68 填充门和窗框

⑦ 选择"染色半透明玻璃"材质来填充玻璃，如图9-69所示。

图9-69 填充玻璃

⑧ 选择"人造草被"草皮材质，填充地面，如图9-70所示。

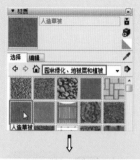

图9-70 填充地面

案例——创建瓷盘贴图

本例主要应用了材质工具和贴图坐标来创建贴图。

源文件：\Ch09\瓷盘.skp，图案1.jpg
结果文件：\Ch09\瓷盘贴图.skp
视频：\Ch09\瓷盘贴图.wmv

① 打开瓷盘模型，如图9-71所示。

② 在【材质】卷展栏的【编辑】标签下导入网盘中的"图案1.jpg"图片，填充自定义纹理材质，如图9-72和图9-73所示。

③ 执行【视图】|【隐藏物体】命令，将模型以虚线显示，整个模型面被均分为多份，如图9-74所示。

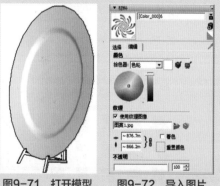

图9-71 打开模型   图9-72 导入图片

④ 右击其中一份纹理贴图并执行【纹理】|【位置】命令，开启固定图钉模式。调整纹理贴图后右击并执行【完成】命令，完成纹理图片的调整。如图9-75~图9-77所示。

图9-73 添加贴图材质　　图9-74 隐藏物体

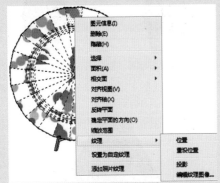

图9-75 开启固定图钉模式

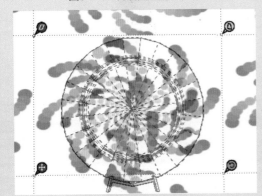

图9-76 调整纹理贴图

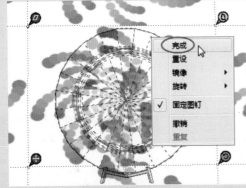

图9-77 完成调整

05 在【材质】卷展栏中单击【样本颜料】按钮 ✎，吸取调整完成的纹理贴图，如图9-78所示。然后依次对模型的其余面进行填充，如图9-79所示。

图9-78 吸取样本颜料　　图9-79 依次填充其余面

06 再次执行菜单栏中的【视图】|【隐藏物体】命令，将虚线取消，最终贴图效果如图9-80所示。

图9-80 贴图效果

案例——创建台灯贴图

　　本例主要应用了材质工具和贴图坐标来创建贴图。

源文件：\Ch09\台灯.skp，图案2.jpg

结果文件：\Ch09\台灯贴图.skp

视频：\Ch09\台灯贴图.wmv

01 打开台灯模型，如图9-81所示。

图9-81 打开模型

02 在【材质】卷展栏的【编辑】标签下导入网盘中的"图案2.jpg"，填充自定义纹理材质，如图9-82和图9-83所示。

03 执行【视图】|【隐藏物体】命令，将模型以虚线显示，如图9-84所示。

04 右击某一个面中的纹理贴图并执行【纹理】|【位置】命令，开启固定图钉模式。然后调整材质贴图，最后右击并执行【完成】命令完成贴图的调整，如图9-85~图9-87所示。

第9章 材质与贴图的应用

图9-82　选择贴图图片文件　　图9-83　添加贴图

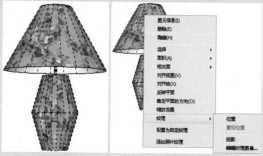

图9-84　隐藏物体　　图9-85　开启固定图钉模式

图9-86　调整贴图比例及位置

图9-87　完成调整

05 单击【样本颜料】按钮 ，吸取材质贴图，然后依次填充到其他面上，如图9-88和图9-89所示。

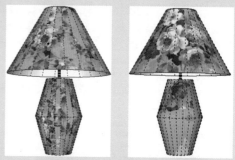

图9-88　吸取材质贴图　　图9-89　填充其他面

06 再次执行【视图】|【隐藏物体】命令，将虚线取消，效果如图9-90所示。

图9-90　最终贴图效果

案例——创建花瓶贴图材质

　　本例主要应用了材质工具和贴图坐标来创建贴图。

源文件：\Ch09\花瓶.skp，图案3.jpg

结果文件：\Ch09\花瓶贴图.skp

视频：\Ch09\花瓶贴图.wmv

01 打开花瓶模型，如图9-91所示。

02 在【材质】卷展栏的【编辑】标签下导入网盘中的"图案3.jpg"，填充自定义纹理材质，如图9-92和图9-93所示。

图9-91　打开模型　　图9-92　选择贴图图片

中文版SketchUp 2022完全实战技术手册

图9-93 添加贴图给模型

03 执行【视图】|【隐藏物体】命令，将模型以虚线显示，如图9-94所示。

04 右击模型平面并执行【纹理】|【位置】命令，开启固定图钉模式。调整材质贴图，右击并执行【完成】命令，如图9-95~图9-97所示。

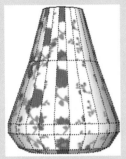

图9-94 隐藏物体

图9-95 开启固定图钉模式

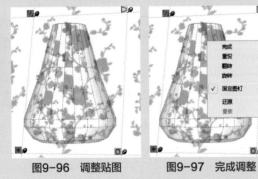

图9-96 调整贴图　　图9-97 完成调整

05 单击【样本颜料】按钮 ✐，吸取材质贴图，如图9-98所示。

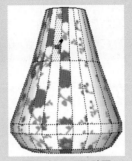

图9-98 吸取贴图

06 依次对模型的其他面进行填充，如图9-99所示。

图9-99 依次填充其他面

07 再次执行【视图】|【隐藏物体】命令，将虚线取消，效果如图9-100所示。

图9-100 最终贴图效果

第10章
V-Ray渲染基础

本章将介绍V-Ray for SketchUp 2022渲染器插件。这个渲染器插件能与SketchUp 完美地结合，渲染出高质量的图片效果。

V-Ray渲染器是目前比较流行的主流渲染器之一，是一款外挂型渲染器，支持3ds Max、Maya、Revit、SketchUp 等大型三维建模与动画软件。

知 识 要 点

- V-Ray for SketchUp 渲染器简介
- V-Ray光源
- V-Ray材质与贴图
- V-Ray渲染器设置

10.1 V-Ray for SketchUp渲染器简介

V-Ray渲染器是世界领先的计算机图形技术公司Chaos Group的产品。

过去的很多渲染程序在创建复杂的场景时，必须花大量时间调整光源的位置和强度才能得到理想的照明效果，而V-Ray for SketchUp 版本具有全局光照和光线追踪的功能，在完全不需要放置任何光源的场景时，也可以渲染出很出色的图片，并且完全支持HDRI贴图，具有很强的着色引擎、灵活的材质设定、较快的渲染速度等特点。最为突出的是其焦散功能，可以产生逼真的焦散效果，所以V-Ray又具有"焦散之王"的称号。

由于SketchUp 没有内置的渲染器，因此要得到照片级的渲染效果，只能借助其他渲染器来完成。V-Ray渲染器是目前最为强大的全局光渲染器之一，适用于建筑及产品的渲染。通过使用此渲染器，既可发挥出SketchUp 的优势，又可弥补SketchUp 的不足，从而创作出高质量的渲染作品。

10.1.1 V-Ray简介

目前，能应用在SketchUp 2022软件的V-Ray插件版本为V-Ray 5.20.04 for SketchUp 2022。

◎提示·◦

V-Ray 5.20.04 for SketchUp 2022目前有两款汉化版本，一款是草图联盟汉化的免费版本，另一款是顶渲网汉化的付费版本。

1. V-Ray的优点

- 最为强大的渲染器，具有高质量的渲染效果，支持室外、室内及产品渲染。
- 使用V-Ray可以在SketchUp 中实时可视化用户的设计产品。在模型中穿行，添加材质，设置灯光和摄影机等全部在场景实时画面中。
- V-Ray还支持其他三维软件，如3ds Max、Maya，其使用方式及界面相似。
- 以插件的方式实现对SketchUp 场景的渲染，实现了与SketchUp 的无缝整合，使用很方便。
- V-Ray 5带来全新的V-Ray帧缓存窗口。内置合成功能，可以调整颜色，组合渲染元素，保存预设后使用，无须其他软件辅助。
- Light Gen灯光生成是一个全新的V-Ray工具，自动生成SketchUp 场景的小样图，每张都是不同的灯光预设。选择喜欢的结果，点击即可渲染。

2. V-Ray的材质分类

标准材质和常用材质，可以模拟出多种材质类型。

- V-Ray标准材质包含内置的清漆和布料光泽层。清漆层可以轻松创建刷清漆的木材等有反射层的材质，布料光泽层可以轻松创建丝绸布料和天鹅绒等，如图10-1所示。
- 角度混合材质，是与观察角度有关的材质，如图10-2所示。

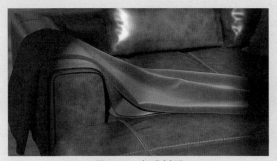

图10-1 标准材质

图10-2 角度混合材质

■ 双面材质有一种半透明的效果，如图10-3和图10-4所示。

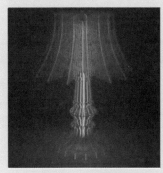

图10-3 双面材质1　　图10-4 双面材质2

■ SketchUp双面材质可以对单面模型的正反面使用不同的材质，如图10-5所示。

图10-5 SketchUp 双面材质

■ 新增了随机纹理和颜色工具，可以增加真实感，创建更为真实的材质，如图10-6所示。

图10-6 具有真实感的材质

10.1.2　V-Ray for SketchUp工具栏

如图10-7所示为V-Ray渲染工具栏。

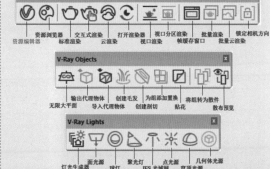

图10-7 V-Ray渲染工具栏

在V-Ray for SketchUp工具栏中单击【资源编辑器】按钮，弹出【V-Ray资源编辑器】对话框，如图10-8所示。【V-Ray资源编辑器】中包含用于管理V-Ray资源、渲染设置的选项卡及列表。

【V-Ray资源编辑器】对话框中的选项卡将在后面章节中详细介绍。除了这几个编辑器选项卡用以控制渲染质量外，还可使用渲染工具进行渲染质量的后期处理，如图10-9所示。

单击【帧缓存窗口】按钮，弹出V-Ray Frame Buffer帧缓存窗口，如图10-10所示。通过V-Ray帧缓存窗口查看渲染过程。

◎提示·◎

V-Ray帧缓存窗口中，可将左侧的【历史记录】选项卡和右侧的【图层】、【统计】和【日志】等选项卡隐藏，以便最大化的显示渲染窗口。隐藏方法就是将中间的渲染窗口边框往左和往右移动并扩大，即可最大化显示渲染窗口。

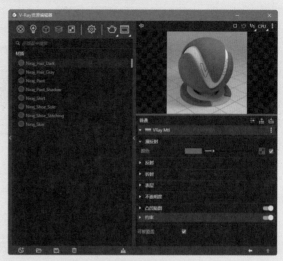

【光源】选项卡

【材质】选项卡

【模型】选项卡

【渲染工具】选项卡

【帧缓存窗口】选项卡

【渲染元素】选项卡

【贴图】选项卡

【设置】选项卡

图10-8 【V-Ray资源编辑器】对话框

图10-9 渲染工具

图10-10 V-Ray帧缓存窗口

10.2 V-Ray光源

V-Ray提供了许多至关重要的光源。无论是室内场景还是室外场景，都可以在V-Ray灯光工具栏或【V-Ray资源编辑器】对话框【光源】选项卡中找到相应的照明选项。

10.2.1 光源的布置要求

光源的布置要根据具体的对象来安排，在工业产品渲染过程中一般都会开启全局照明功能来获得较好的光照分布。场景中的光线可以是来自全局照明中的环境光（在Environment面板中设置），也可以来自光源对象，一般两者会结合使用。全局照明中的环境光产生的光线是均匀的，若强度太大，会

使画面显得比较平淡，而利用光源对象可以很好地塑造产品的亮部与暗部，应作为主要光源使用。

光源在产品的渲染中起着至关重要的作用，精确的光线是表现物体表面材质效果的前提，用户可以参照摄影中的"三点布光法则"来布置场景中的光源。

■ 以全黑的场景开始布置光源，并注意每增加一个光源后所产生的效果。

■ 要明确每一个光源的作用与照明度，不要创建用意不明的光源。

■ 环境光的强度不宜太高，以免画面过于平淡。

1.主光源

主光源是场景中的主要照明光源，也是产生阴影的主要光源。一般放置在与主体呈45°角左右的一侧，其水平位置通常要比相机高。主光源的光线越强，物体的阴影就越明显，明暗对比的反差就越

中文版SketchUp 2022完全实战技术手册

大。在V-Ray中，通常以面光源用作主光源，这样可以产生比较真实的阴影效果。

2.辅光源

辅光源又称为补光，用来补充主光源产生的阴影面的照明，显示出物体阴影面的细节，使物体阴影变得更加柔和，同时也会影响主光源的照明效果。辅光源通常放置在低于相机的位置，亮度是主光源的1/2~2/3，这个光源产生的阴影很弱。渲染时一般用泛光灯或者低亮度的面光源来作为辅光源。

3.背光源

背光源也叫反光或者轮廓光，设置背光源的目的是照亮物体的背面，进而将物体从背景中区分开来。背光源通常放置在物体的背面，亮度是主光源的1/3~1/2，背光源产生的阴影最不清晰。若开启了全局照明功能，在布置光源时也可以不用安排背光源。

以上只是最基本的光源布置方法，在实际的渲染工作中，需要根据不同的目的和渲染对象来确定相应的光源布置方案。

10.2.2 设置V-Ray环境光源

单击【资源编辑器】按钮，弹出【V-Ray资源编辑器】对话框。在【设置】选项卡的【环境】卷展栏中，可以设置环境光源，如图10-11所示。

图10-11 【环境】卷展栏的环境光源设置

在【背景】选项右侧勾选【全局照明】复选框表示开启全局照明功能，如图10-12所示。全局照明中就包含了自然界的天光（太阳光经大气折射）、折射光源和反射光源等。

单击【位图编辑】按钮，如图10-13所示。可以编辑全局照明的位图参数，如图10-14所示。

图10-12 开启全局照明功能

图10-13 开启位图编辑

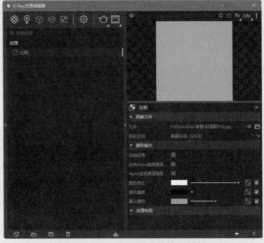

图10-14 全局照明的位图编辑

关闭全局照明后，可以设置场景中的背景颜色，默认颜色是黑色，单击颜色图例，弹出【拾色器】对话框，编辑背景颜色，如图10-15所示。

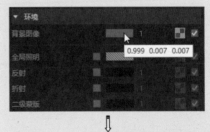

⇩

图10-15 编辑背景颜色

要想在场景中显示天光、反射光源或者折射光源，需先关闭【全局照明】。如图10-16所示为开启全局照明与关闭全局照明仅开启【天光】的渲染效果对比。

开启全局照明

关闭全局照明（仅天光）

图10-16　开启与关闭全局照明的天光渲染效果对比

在位图编辑器中单击【位图】按钮 ![icon]，打开位图下拉菜单，然后选择【天空】贴图进行编辑，如图10-17所示。

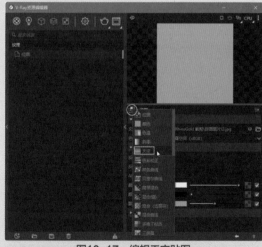

图10-17　编辑天空贴图

10.2.3　布置V-Ray主要光源

光源的布置对于材质的表现至关重要，在渲染时，最好先布置光源再调节材质。场景中光源的照明强度以能真实反应材质颜色为宜。

V-Ray for SketchUp 的光源工具在V-Ray Lights工具栏中，如图10-18所示。包括常见的矩形灯（面光源）、球灯（球形光源）、聚光灯（聚光源）、IES灯（IES光域网）、泛光灯（点光源）、穹顶灯（穹顶光源）等。下面介绍几种常见光源的创建与参数设置。

图10-18　V-Ray Lights工具栏

1.聚光灯

聚光灯也叫射灯。聚光灯的特点是光衰很小、亮度高、方向性很强、光性特硬、反差甚高、形成的阴影非常清晰，但是缺少变化显得比较生硬。单击【聚光灯】按钮 ![icon]，可布置聚光灯，如图10-19所示。如图10-20所示为聚光灯产生的照明效果。

图10-19　布置聚光灯　图10-20　聚光灯的照明效果

通过资源编辑器【光源】选项卡，可以编辑聚光灯的参数，如图10-21所示。

图10-21　编辑聚光灯参数

光源编辑面板顶部的 ![switch]开关可以控制是否显示聚光灯光源，默认为开启状态。单击此开关按钮将关闭聚光灯的照明。

（1）【参数】卷展栏

- 【颜色/纹理】：用于设置光源的颜色及贴图。
- 【强度】：用于设置光源的强度，默认值为1。
- 【单位】：指定测量的光照单位。使用正确的单位至关重要。灯光会自动将场景单位尺寸考虑在内，以便为所用的比例尺生成正确的结果。
- 【圆锥角度】：指定由V射线聚光灯形成的光锥的角度。该值以度数指定。
- 【半影角】：指定光线从高强度转变为无照明所形成的光锥内的角度。设置为0时，不存在转换，光线会产生严酷的边缘。该值以度数指定。
- 【半影衰减】：确定灯光在光锥内从高强度转换为无照明的方式。包含两种类型，"线性"与"平滑三次方"。"线性"表示灯光不会有任何衰减。"平滑三次方"表示光线会以真实的方式褪色。
- 【衰减】：设置光源的衰减类型，包括"线性""倒数"和"平方反比"三种类型，后面两种衰减类型的光线衰减效果是非常明显的，所以在用这两种衰减方式时，光源的倍增值需要设置得比较大。如图10-22所示为不同衰减值的光照衰减效果比较。

图10-22 不同衰减值的光照衰减效果比较

- 【阴影半径】：控制阴影、高光及明暗过渡的边缘的硬度。数值越大，阴影、高光及明暗过渡的边缘越柔和；数值越小，阴影、高光及明暗过渡的边缘越生硬，如图10-23所示。

图10-23 不同阴影半径值所产生的阴影效果比较

（2）【选项】卷展栏

- 【影响漫反射】：启用该选项时，光线会影响材质的漫反射特性。
- 【影响高光】：启用该选项时，光线会影响材料的镜面反射。
- 【阴影】：启用该选项时（默认开启），灯光投射阴影。禁用时，灯光不投射阴影。

（3）【焦散光子】卷展栏

- 【焦散细分】：确定从光源发出的焦散光子的数量。值越低意味着噪声越大但渲染速度越快。值越高，效果越平滑，但需要更多渲染时间。

选取聚光灯后打开聚光灯的控制点。通过调整相应的控制点，可以改变聚光灯的光源位置、目标点、照射范围及衰减范围，如图10-24所示。

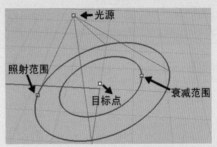

图10-24 调整控制点以改变聚光灯

2. 点光源

点光源也称为泛光灯。单击【泛光灯】按钮，可以在场景中建立点光源。点光源是一种向四面八方均匀照射的光源，场景中可以用多个点光源来协调作用，以产生较好的照明效果。要注意的是，点光源不能建立过多，否则效果图就会显得平淡而呆板。如图10-25所示为在场景中创建的点光源。如图10-26所示为由点光源产生的照明效果。

图10-25 在场景中创建的点光源

图10-26 由点光源产生的照明效果

点光源的参数设置和聚光灯的参数设置基本相同，这里不再赘述。

3. 穹顶光源

穹顶光源是V-Ray渲染器的专属光源，是一种可模拟物理天空的区域光源。单击【穹顶灯】按钮，可在场景中的圆顶或球形内创建穹顶灯，以覆盖传统的全局照明设置。穹顶灯可以模拟天光效果。该光源常被用来设置空间较为宽广的室内场景（教堂、大厅等）或在室外场景中模拟环境光。如图10-27所示为在场景中创建的穹顶灯。如图10-28所示为用穹顶灯来模拟天光所产生的照明效果。

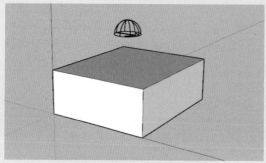

图10-27　在场景中创建的穹顶灯

图10-28　用穹顶灯来模拟天光的照明效果

4. 矩形灯（面光源）

矩形灯也称面光源。单击【矩形灯】按钮，在场景中可建立面光源。面光源在V-Ray中扮演着非常重要的角色，除了设置方便外，渲染的效果也比较柔和。矩形灯不像聚光灯有照射角度的问题，而且能够让反射性材质反射这个矩形光源从而产生高光，更好地体现物体材质的质感。

面光源的特性主要有以下几个方面。

■ 面光源的大小对其亮度有影响：面光源尺寸大小会影响其本身的光线强度，在相同的高度与光源强度下，尺寸越大其亮度也越大。

■ 面光源的大小对投影的影响：较大的面光源光线扩散范围较大，所以物体产生的阴影不明显，较小的面光源光线比较集中，扩散范围较小，所以物体产生的阴影较明显。

■ 面光源的光照方向：面光源的照射方向可以从矩形光源物体上突出的那条线的方向来判断。

■ 对面光源的编辑：面光源可以使用旋转和缩放工具来进行编辑。注意，使用缩放工具调整面积的大小时会对其亮度产生影响。如图10-29

所示为场景创建矩形灯，如图10-30所示为矩形灯产生的照明效果。

图10-29　矩形灯　　图10-30　矩形灯的照明效果

5. 太阳光源

V-Ray自带的SunLight（太阳光）光源类型与天光配合使用，可以模拟出比较真实的太阳光照效果。在自然界中，太阳的位置不同，其光照效果也是不同的，所以V-Ray会根据设置的太阳位置来模拟真实的光照效果，如图10-31所示。

图10-31　V-Ray模拟的太阳光照效果

单击【资源编辑器】按钮，弹出【V-Ray资源编辑器】对话框。在【光源管理】选项卡中V-Ray默认创建了SunLight光源，如图10-32所示。展开整个选项卡，可以设置太阳光源选项，如图10-33所示。

图10-32　默认创建的SunLight光源

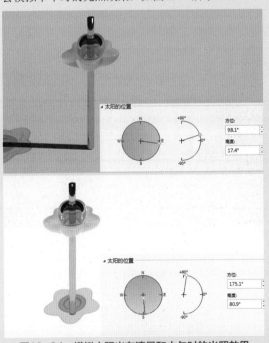

图10-33 展开的太阳光源设置选项

通过设置太阳日照强度、浑浊度和臭氧等参数，可以模拟实际的太阳光在一天中的活动情况。例如将太阳设置在东方较低的位置，V-Ray就会模拟清晨时的光照效果，设置在南方较高的位置，就会模拟中午时的光照效果，如图10-34所示。

图10-34 模拟太阳光在清晨和中午时的光照效果

10.3 V-Ray材质与贴图

在效果图制作中，当模型创建完成之后，必须通过"材质"系统来模拟真实材料的视觉效果。因为在SketchUp中创建的三维对象本身不具备任何质感特征，只有给场景物体赋上合适的材质后，才能呈现出具有真实质感的视觉特征。

"材质"就是三维软件对真实物体的模拟，通过材质再现真实物体的色彩、纹理、光滑度、反光度、透明度、粗糙度等物理属性。这些属性都可以在V-Ray中运用相应的参数来进行设定，在光线的作用下，便看到一种综合的视觉效果。

材质与贴图有什么区别呢？材质可以模拟出物体的所有属性。贴图是材质的一个层级，对物体的某种单一属性进行模拟，例如物体的表面纹理。一般情况下，使用贴图通常是为了改善材质的外观和真实感。

照明环境对材质质感的呈现至关重要，相同的材质在不同的照明环境下表现会有所不同，如图10-35所示。上图光源设置为彩色，可以看到材质会反射光源的颜色；中间的图为白光环境下材质的呈现；下图光源照明较暗，材质的色彩也会相应产生变化。

图10-35 不同照明环境下同一材质的效果表现比较

在设置材质的色彩时需注意以下两点事项。

- 由于白色会反射更多的光线，会使材质较为明亮，所以在材质设置时不要使用纯白或纯黑的颜色。
- 对于彩色的材质，设置时不要使用纯度太高的颜色。

10.3.1 材质的应用

生活中的物体虽然形态各异，但却有规律可循。为了更好地认识和表现客观物体，根据物体的材质质感特征，可以大致将生活中的各种材质分为五大类。

（1）不反光也不透明的材质。

应用此类材质的物体包括未经加工过的石头和木头、混凝土、各种建材砖、石灰粉刷的墙面、石膏板、橡胶、纸张、厚实的布料等。此类材料的表面一般都较粗糙，质地不紧密，不具有反光效果，也不透明。生活中见到的大多数物体都是此类材质。此类材质应用的典型例子如图10-36和图10-37所示。

图10-36　厚实的布料椅子

图10-37　石灰粉刷的墙壁和石材地面

（2）反光但不透明的材质。

此类材质包括镜面、金属、抛光砖、大理石、陶瓷、不透明塑料、油漆涂饰过的木材等，此类材质一般质地紧密，都有比较光洁的表面，反光较强。例如，多数金属材质，在加工以后具有很强的反光特点，表面光滑度高，高光特征明显，对光源色和周围环境极为敏感，如图10-38所示。

图10-38　反光强烈的金属材质

此类材质中也有反光比较弱的，如经过油漆涂饰的木地板，其表面具有一定的反光和高光，但其反光程度比镜面、金属物体弱，如图10-39所示。

图10-39　反光的木地板材质

（3）反光且透明的材质。

透明材质的透射率极高，如果表面光滑平整，人们便可以直接透过其本身看到后面的物体；产品如果是曲面形态，那么在曲面转折的地方会由于折射现象而扭曲后面物体的影像。如果透明材质产品的形态过于复杂，光线在其中的折射过程也就会捉摸不定，因此透明材质既是一种富有表现力的材质，同时又是一种表现难度较高的材质。表现时仍然要从材质的本质属性入手，反射、折射和环境背景是表现透明材质的关键，将这三个要素有机地结合在一起就能表现出晶莹剔透的效果。

透明材质有一个极为重要的属性——菲涅耳原理（Frenel），这个原理主要阐述了折射、反射和视线与透明体平面夹角之间的物体表现，物体表面法线与视线的夹角越大，物体表面出现反射的情况就越强烈。相信读者都有这样的体验，当站在一堵无色玻璃幕墙前时，直视墙体能够不费力地看清墙后面的事物，而当视线与墙体法线的夹角逐渐增大时，会发现要看清墙后面的事物变得越来越不容易，反射现象越来越强烈了，周围环境的影像也清晰可辨，如图10-40所示。

图10-40 玻璃材质的菲涅耳效应

透明材质在产品设计领域有着广泛的应用，由于其具有既能反光又能透光的作用，所以经过透明修饰的产品往往具有很强的生命力和冷静的美，人们也常常将其与钻石、水晶等透明而珍贵的宝石联系起来，因此对于提升产品档次也起到了一定的作用，如图10-41所示。无论是电话按键、冰箱把手，还是玻璃器皿等，大多都是透明材质。

图10-41 透明材质的应用效果

（4）透明不反光的材质。

此类物体包括窗纱、丝巾、蚊帐等。和玻璃、水不同的是，这类物体的质地较松散，光线穿过时不会发生扭曲，即没有明显的折射现象，其形象特征如图10-42所示。

图10-42 窗纱的形象特征

（5）透光但不透明的物体。

此类物体包括蜡烛、玉石、多汁水果（如葡萄、西红柿）、黏稠浑浊的液体（如牛奶）、人的皮肤等，其质地构成不紧密，物体内部充斥着水分或者空气，所以，外界的光线能射入到物体的内部并散射到四周，但却没办法完全穿透。在光的作用下，这些物体呈现给人一种晶莹剔透的感觉。此类物体的形象特征如图10-43和图10-44所示。

图10-43 透光但不透明的蜡烛

图10-44 不透光的葡萄水果

理解现实生活中这几大类物体的物理属性，是用户模拟物体质感的基础。只有善于将其归类，才可以抓住物体的质感特征，把握其在光影下的变化规律，从而轻松实现各种质感效果。

10.3.2　V-Ray材质的赋予

V-Ray材质的赋予操作是通过V-Ray资源编辑器来实现的。打开【V-Ray资源编辑器】对话框，在【材质】选项卡中左边栏位置单击，可以展开材质库，如图10-45所示。

> **提示·**
>
> V-Ray的材质库语言默认为英文，本例源文件夹中提供了中文材质库，到安装盘：\Users\Administrator\Documents\V-RayMaterialLibrary\AEC\materials\v5.0路径中删除原英文材质库文件夹Materials，然后将中文材质库文件夹Materials复制到该路径中，重启计算机即可使用中文材质库。

材质库中列出了V-Ray所有的材质。先在材质库中选择某种材质库类型，在下方的【内容】列表中列出该类型材质库中所包含的全部材质。下面介绍两种赋予的材质操作。

1.方法一：添加到场景

在【内容】材质库列表中选择一种材质，右击并执行【添加到场景】命令，可以将该材质添加到【材质】选项卡的【材质列表】标签中，如图10-46所示。【材质列表】标签下的材质是场景中使用的材质，可以随时将材质赋予场景中的任意对象。

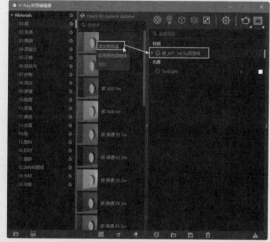

图10-46　将材质添加到场景

那么怎样赋予对象呢？在【材质列表】标签下右击材质，弹出快捷菜单，如图10-47所示。快捷菜单中各命令含义如下。

- 选择场景中的对象：选择此命令，可将视窗中已经赋予该材质的所有对象选中，如图10-48所示。
- 应用到选择物体：在视窗中先选取要赋予材质的对象，再执行此命令，即可完成材质赋予操作。
- 应用到层：在知晓对象所在的图层后，执行此命令，可立即将材质赋予图层中的对象，如图10-49所示。

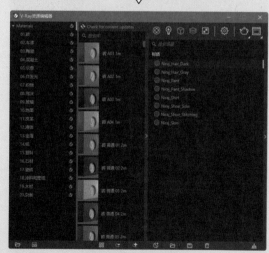

图10-45　展开材质库

图10-47　右键快捷菜单　图10-48　在场景中选择物体

■ 复制：当编辑材质后可复制材质到材质库中进行粘贴。
■ 重命名：重新设置材质的名称。
■ 制作副本：可以创建一个副本材质，从副本材质中做少许修改，即可得到新的材质。
■ 另存为：修改材质后，可以将材质保存在V-Ray材质库中（等同于底部的【将材质保存为文件】按钮 ），如图10-50所示。以后调取此材质时，可在底部单击【导入V-Ray材质】按钮 。

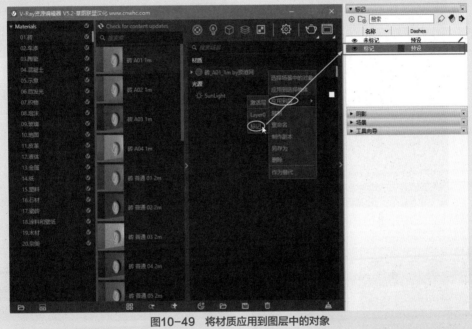

图10-49　将材质应用到图层中的对象

图10-50　将材质保存到材质库

■ 删除：从场景中删除此材质，同时从对象上也删除材质。等同于底部的【删除材质】按钮 。
■ 作为替代：将所选的材质替代模型中的材质。

2.方法二：将材质赋予所选物体

这种方法比较快速，先在视窗中选中要赋予材质的对象，然后在【内容】材质库中右击某种材质并执行【应用到选择物体】命令即可，如图10-51所示。

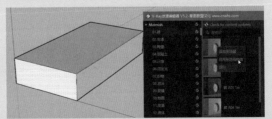

图10-51　将材质赋予所选物体

10.3.3 材质编辑器

V-Ray渲染器提供了一种特殊材质——V-Ray材质。这允许在场景中更好地物理校正照明（能量分布），更快渲染，更方便地反射和折射参数。在【材质】选项卡右边栏单击，可展开材质编辑器面板，如图10-52所示。

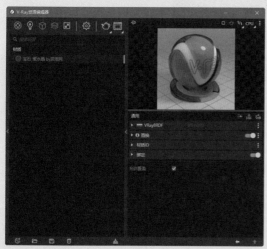

图10-52　展开材质编辑器面板

材质编辑器面板中包含两个重要的控制选项：VRay BRDF和绑定。

10.3.4 VRay BRDF选项设置

在V-Ray材质中，可以应用不同的纹理贴图控制反射和折射，添加凹凸贴图和位移贴图，强制直接GI（全局照明）计算，以及为材质选择 BRDF

（双向反射分布）。接下来简要介绍卷展栏选项的含义。

1.【漫反射】卷展栏

新建的材质默认只有一个漫反射层，其参数调节在【漫反射】卷展栏中进行，如图10-53所示。漫反射主要用于表现材质的固有颜色，单击其右侧的■按钮，在弹出的位图图库中可以为材质增加纹理贴图，如图10-54所示。可以为材质增加多个漫反射层，以表现更为丰富的漫反射颜色。添加位图后单击底部的【返回】按钮，返回到材质编辑器中。

图10-53　【漫反射】卷展栏

图10-54　在位图图库中增加纹理贴图

- ■　颜色图例：设置材质的漫反射颜色，也可以用贴图■控制。
- ■　颜色微调按钮：拖动微调按钮，可以增加或减少颜色的漫反射度。
- ■贴图按钮：单击该按钮，可以为材质表面增加纹理贴图，材质的颜色将会被覆盖。
- 【漫射粗糙度】：用于模拟覆盖有灰尘的粗糙表面（例如皮肤或月球表面）。如图10-55所示的例子中，演示了粗糙度参数变化的效果。随着粗糙度的增加，材料显得更加粗糙。

粗糙度=0

粗糙度=0.3

粗糙度=0.6

图10-55　粗糙度参数的变换及渲染效果对比

2.【反射】卷展栏

反射是表现材质质感的一个重要元素。自然界中的大多数物体都具有反射属性，只是有些反射非常清晰，可以清楚地看出周围的环境；有些反射非常模糊，周围环境变得非常发散，不能清晰地反映周围环境。

【反射】卷展栏如图10-56所示。

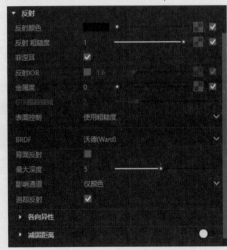

图10-56　【反射】卷展栏

- 　【反射颜色】：通过右侧的颜色微调按钮　　　来控制反射的强度，黑色为不反射，白色为完全反射。如图10-57所示为反射颜色的示例。

反射颜色=黑色

反射颜色=中等灰度

反射颜色=白色

图10-57　不同反射颜色的效果对比

- 　【反射光泽度】：指定反射的清晰度。使用下面的细分值参数来控制光泽反射的质量。1.0的值意味着完美的镜像反射，较低的值会产生模糊或光泽的反射，如图10-58所示。

反射光泽度=1.0

反射光泽度=0.8

反射光泽度=0.6

图10-58　取不同反射光泽度值的效果对比

- 　【菲涅耳】：菲涅耳效应是自然界中物体反射周围环境的一种现象，即物体法线朝向人眼或摄像机的部位反射效果越轻微，物体法线越偏离人眼或摄像机的部位反射效果越清晰。启用【菲涅耳】选项后，可以更真实地表现材质的反射效果。如图10-59所示为开启【菲涅耳】选项后设置不同IOR值的渲染效果和关闭该选项的渲染效果。

第10章　V-Ray渲染基础

【菲涅耳】开启；IOR=1.3

【菲涅耳】开启；IOR=2.0

【菲涅耳】开启；IOR=10.

【菲涅耳】关闭

图10-59　开启和关闭【菲涅耳】选项的渲染效果

- 【金属度】：为材质的镜面突出显示启用单独的光泽度控制。启用此选项并将值设置为1.0将禁用镜面高光。

- 【GTR跟踪衰减】：此选项仅在BRDF设置为【微平面模型GTR（GGX）】时才有效，其允许通过控制从高亮区域到非高亮区域的过渡来微调镜面反射。较高的值（例如默认值）使高光更清晰，而较低的值使过渡更微妙。如图10-60所示为GTR跟踪衰减示例。

衰减0.1　　　衰减0.5　　　　衰减1

衰减1.5　　　衰减2
图10-60　GTR跟踪衰减

- 【反射IOR】：此选项是一个非常重要的参数，数值越高反射的强度也就越强，如金属、玻璃、光滑塑料等材质的【反射IOR】强度可以设置为5左右，一般塑料或木头、皮革等反射较为不明显的材质则可以设置为1.55以下。不同【反射IOR】数值的渲染效果如图10-61所示。

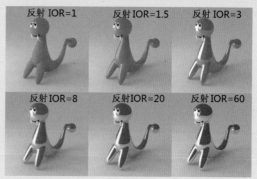
反射IOR=1　　反射IOR=1.5　　反射IOR=3
反射IOR=8　　反射IOR=20　　反射IOR=60
图10-61　不同【反射IOR】值的渲染效果

- 【表面控制】：改变所有控制表面光滑度的材料参数的行为。包括【反射光泽度】选项和【反射粗糙度】选项。【反射光泽度】选项已经介绍，【反射粗糙度】选项用于反射基础和涂层反射层以及光泽将使用粗糙度值。

- BRDF：确定BRDF的类型，建议对金属和其他高反射材料使用GGX类型。如图10-62所示中，展示了V-Ray中可用的BRDF之间的差异。请注意不同BRDF产生的不同亮点。

BRDF类型=平滑　BRDF类型=布林　BRDF类型=沃德
BRDF类型=GGX
图10-62　不同BRDF类型产生的双向反射效果

- 【背面反射】：此选项禁用时，仅针对物体的正面计算反射。当启用时背面反射也将被计算。

- 【最大深度】：指定光线可以被反射的次数。具有大量反射和折射表面的场景可能需要更高的深度值才能使效果看起来更理想。

- 【影响通道】：指定哪些通道会受材料反射率的影响。

- 【追踪反射】：启用当前材质的反射跟踪。如果禁用，则仅禁用反射而不禁用镜面高光。

- 【各向异性】：【各向异性】卷展栏的选项用于确定高光的形状。0值表示各向同性高光，负值和正值模拟拉丝表面。【各向异性】卷展栏和各向异性示例如图10-63所示。

【各向异性】卷展栏

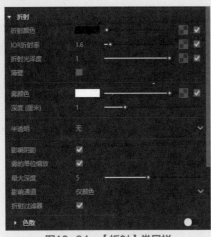

各向异性取值-0.8　　　各向异性取值0.2

图10-63

■ 【减弱距离】：【减弱距离】卷展栏中的选项用于控制光线减弱，即指定不跟踪反射光线的距离。

3.【折射】卷展栏

在表现透明材质时，通常会为材质添加折射，该参数选项用于设置透明材质。

【折射】卷展栏如图10-64所示。【折射】卷展栏中的部分选项含义与【反射】卷展栏中相同，下面仅介绍不同的选项。

图10-64　【折射】卷展栏

■ 【折射颜色】：指定材质中光线折射的颜色。折射颜色的示例如图10-65所示。

折射浅蓝色　　　折射白色

图10-65　折射颜色

■ 【IOR折射率】：指定材质的折射率，描述了光线穿过材质表面时的弯曲方式。值1.0表示灯光不改变方向。IOR折射率应用示例如图10-66所示。

IOR折射0.8　　　IOR折射1.0

IOR折射1.3　　　IOR折射1.6

图10-66　IOR折射率

■ 【折射光泽度】：指定折射的锐度。值为1.0会产生完美的玻璃状折射；较低的值会产生模糊或有光泽的折射。折射光泽度的示例如图10-67所示。

折射光泽度1.0　　　折射光泽度0.9

折射光泽度0.8　　　折射光泽度0.7

图10-67　折射光泽度

■ 【薄壁】：此选项模拟单表面的透明材料。如果将【半透明】设置为SSS时，会模拟薄壁半透明表面，例如肥皂泡、树叶、窗帘等。

■ 【雾颜色】：用于设置透明材质的颜色，如有色玻璃。

■ 【深度（厘米）】：即旧版本中的【雾倍增】选项，用于控制透明材质颜色的浓度，值越大颜色越深。将雾色设置为（R：122，G：239，B：106），不同的雾色倍增值效果如图10-68所示。

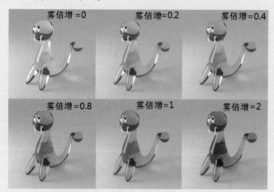

图10-68　不同的雾色倍增值的效果

■ 【半透明】：计算半透明度的方法包括【无】、【体积】和SSS三种。【无】表示不产生表面散射；体积表示启用体积散射，适用于液体和其他高度透明的材料；【SSS】表示启用非透明材料散射，适用于皮肤、蜡、大理石和其他相对不透明的材料。

■ 【影响阴影】：启用该选项后，材质会投射透明阴影，具体取决于折射颜色和雾色。

■ 【雾的单位缩放】：启用该选项后，雾颜色衰减取决于当前系统单位。

■ 【最大深度】：指定光线可以折射的次数。

■ 【影响通道】：指定受材质透明度影响的通道，包括三种通道。【仅颜色】通道表示材质的透明度仅影响最终渲染的RGB通道；【颜色+Alpha透明通道】表示使材质传输折射对象的Alpha，而不是显示不透明的Alpha；【所有通道】表示同时开启【仅颜色】和【颜色+Alpha透明通道】通道。

■ 【折射过滤器】：启用或禁用当前材质的折射跟踪。该选项仅禁用折射而不禁用透明阴影。

■ 【色散】卷展栏：启用时，将计算真实的光波长色散。如图10-69所示为【色散】卷展栏的选项。

图10-69　【色散】卷展栏

■ 【阿贝值】：增加或减少色散效应。降低数值

扩大色散，反之亦然。

4. 【涂层】卷展栏

【涂层】卷展栏如图10-70所示。

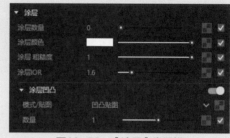

图10-70　【涂层】卷展栏

【涂层】卷展栏中的选项用于给对象在已有材质的基础上再添加一层涂层材质。如在模型上增加灰色油漆涂层，如图10-71所示。

图10-71　应用灰色漆涂层

【涂层】卷展栏中各选项的含义如下。

■ 【涂层数量】：指定涂层的混合重量。值为0不会添加涂层，而更高的值会逐渐混合涂层，如图10-72所示。

涂层数量0

涂层数量0.5

涂层数量1

图10-72　涂层数量

■ 【涂层颜色】：确定涂层的颜色，可使用纹理贴图。

■ 【涂层光泽度】：当在【反射】卷展栏中设置【表面控制】选项为【使用光泽度】时可用。控制反射的锐度。值为1表示完美的玻璃状反射；较低的值会产生模糊或有光泽的反射。如

图10-73所示为涂层的示例。

涂层光泽度0　　　　涂层光泽度0.5

涂层光泽度1

图10-73　涂层光泽度

- 【涂层粗糙度】：当在【反射】卷展栏中设置【表面控制】选项为【使用粗糙度】时可用。控制反射的锐度。0值表示完美的玻璃状反射；较高的值会产生模糊或有光泽的反射。
- 【涂层IOR】：指定涂层的折射率。
- 【涂层凹凸】卷展栏：用于给模型添加涂层的凹凸感。
- 【模式/贴图】：允许用户指定是否将凹凸贴图或法线贴图效果添加到基础材质中。
- 【数量】：设置此值，可使涂层的凹凸贴图效果叠加，同时叠加涂层数量。

5.【光泽】卷展栏

【光泽】卷展栏如图10-74所示。此卷展栏中的选项用于设置模型表面光泽度的效果。各选项含义如下。

图10-74　【光泽】卷展栏

- 【光泽颜色】：指定光泽层的颜色。如设置黑色将禁用光泽效果。
- 【光泽粗糙度】：此选项仅当在【反射】卷展栏中设置【表面控制】选项为【使用粗糙度】时才显示。控制反射的锐度。0值表示所有光线都达到漫反射颜色，而当该值较高时，布料材质看起来更光滑。
- 【光泽反射度】：此选项仅当在【反射】卷展栏中设置【表面控制】选项为【使用光泽度】时才显示。值为1表示所有光线都达到漫反射

颜色，而当该值较小时，布料材质看起来更有光泽。【光泽反射度】示例如图10-75所示。

光泽反射0.1　　　　光泽反射0.6

光泽反射1

图10-75　光泽反射度

6.【不透明度】卷展栏

【不透明度】卷展栏如图10-76所示。用于指定材质的不透明或者是透明程度。各选项含义如下。

图10-76　【不透明度】卷展栏

- 【不透明度】：指定材质的不透明度或透明度。纹理贴图可以分配给这个通道。
- 【模式】：控制不透明度的采样方式。
- 【自定义来源】：启用该选项时，V-Ray使用Alpha通道来控制材质不透明度。

7.【凹凸】卷展栏

【凹凸】卷展栏如图10-77所示。用于模型表面是否启用后禁用凹凸效果。各选项含义如下。

图10-77　【凹凸】卷展栏

- 【模式/贴图】：指定凹凸贴图类型。包括法线贴图和凹凸贴图两种。
- 【数量】：凹凸贴图效果的叠加。

8.【倍增】卷展栏

【倍增】卷展栏如图10-78所示。材质颜色的倍增效果如图10-79所示。

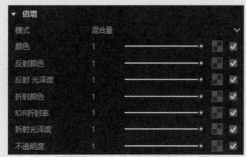

图10-78 【倍增】卷展栏

图10-79 颜色倍增效果

各选项含义如下。

- 【模式】：指定倍增器如何混合纹理和颜色。
- 【颜色】：主要用于表现贴图的固有颜色。
- 【反射颜色】：反射是表现材质质感的一个重要元素。此选项主要设置贴图的反射光颜色。
- 【反射光泽度】：设置贴图反射光的光线强度。取值范围为0~1。当值为1时，表示凸台不会显示光泽，当值小于1时贴图才表现有光泽度。
- 【折射颜色】：设置贴图折射光的颜色。
- 【IOR折射率】：设置贴图的折射率，折射率越小。反射强度也会越微弱。
- 【折射光泽度】：设置贴图折射光的光泽度。
- 【不透明度】：设置贴图的不透明度。

10.3.5 【绑定】选项设置

【绑定】卷展栏如图10-80所示。启用V-Ray和相应的基础应用程序材料之间的连接与绑定。各选项含义如下。

- 【颜色】：启用颜色绑定。
- 【不透明度】：启用不透明度的绑定。如果更改了SketchUp材质的不透明度将不会更改V-Ray材质。反之，则会禁用不透明度绑定。
- 【纹理模式】：启用纹理绑定。
- 【允许覆盖】：启用该选项后，材质可以被设置中的材质覆盖。

图10-80 【绑定】卷展栏

10.4 V-Ray渲染器设置

V-Ray渲染参数是比较复杂的，但是大部分参数只需要保持默认设置就可以达到理想的效果，真正需要动手设置的参数并不多。

在V-Ray资源编辑器的【设置】选项卡中，单击右边栏后可展开其他重要的渲染设置卷展栏，如图10-81所示。

⇩

图10-81 展开V-Ray渲染设置卷展栏

中文版SketchUp 2022完全实战技术手册

接下来仅介绍渲染时需要进行设置的这部分渲染卷展栏。其中，【环境】卷展栏已经在前面10.2.2小节中介绍V-Ray环境光源时详细介绍了。下面介绍比较重要的几个卷展栏的选项设置。

10.4.1　【渲染】卷展栏

【渲染】卷展栏提供了对常见渲染功能的便捷访问，例如选择渲染设备或打开和关闭

图10-82【渲染】卷展栏

V-Ray交互式和渐进式模式，如图10-82所示。卷展栏中各选项含义如下。

- 【渲染引擎】：在CPU、GPU和RTX渲染引擎之间切换。启用GPU可以解锁右侧的菜单，可以在其中选择要执行光线追踪计算的CUDA设备或将其组合为混合渲染。计算机CPU在CUDA设备列表中也被列为"C++/CPU"。
- 【交互式】：使交互式渲染引擎能够在场景中编辑对象、灯光和材质的同时查看渲染器图像的更新。交互式渲染仅在渐进模式下工作。
- 【渐进式】：启用渐进式图像采样模式。启用此模式后，VFB中首先会出现噪声图像，并且其质量会随着时间的推移而提高。
- 【渲染质量】：通过更改渲染参数和全局照明设置来控制渲染图像质量。如果任何受控设置被手动修改且不再对应于当前质量预设值，则会自动选择自定义质量。
- 【更新效果】：控制渐进式渲染期间后期效果更新的规律性，如降噪器、镜头效果、照明分析等。
- 【降噪器】：开启降噪功能，详细的降噪设置在【渲染元素】卷展栏中，如图10-83所示。

图10-83　降噪设置选项

10.4.2　【相机设置】卷展栏

【相机设置】卷展栏控制场景几何体投影到图像上的方式。V-Ray中的摄像机通常定义投射到场景中的光线，也就是将场景投射到屏幕上。

【相机设置】卷展栏的设置如图10-84所示。

图10-84　【相机设置】卷展栏

- 【类型】：包括"标准""VR球形全景"和"VR立方体"三种相机类型。

 【标准】类型：适用于自然场景的局部区域。

 【VR球形全景】类型：是720°全景图像，是虚拟现实图像的一种。

 【VR立方体】类型：立方体侧面排列成单行的立方体/盒子相机。

 【标准相机】选项区用于启用物理相机。启用时，曝光值、白平衡设置会影响图像的整体亮度。

- 【立体图】：基于室内6个墙面（四周墙面与顶棚、地板）的全景图像。启用或禁用立体渲染模式。基于输出布局选项，立体图像呈现为"并排"或"一个在另一个之上"。不需要重新调整图像分辨率，因为其会自动调整。
- 【曝光值（EV）】：控制相机对场景照明级别的灵敏度。
- 【曝光补偿】：此选项在曝光值（EV）设置为自动时启用，是对自动曝光值的额外补偿，以F档为单位。
- 【白平衡】：场景中具有指定颜色的对象在图像中显示为白色。请注意，只有色调被考虑在内，颜色的亮度被忽略。有几种可以使用的预设，最值得注意的是外部场景预设的日光。如图10-85所示为白平衡的示例。光圈F值为8.0，快门速度为200.0，胶片感光度ISO为200.0，在【效果】卷展栏设置【渐晕】值为1（开启"渐晕"效果）。

白平衡是白色（255，255，255）　　　　白平衡是蓝色的（145，65，255）　　　　白平衡是桃色（20，55，245）

图10-85　白平衡示例

◎技巧·○

　　使用白平衡颜色可以进一步修改图像输出。场景中具有指定颜色的对象在图像中将显示为白色。例如对于日光场景，该值可以是以桃色补偿太阳光的颜色等。

■ 【自动值】：当使用自动曝光及自动白平衡时，此选项可用。可以将上次初始化渲染中自动计算的曝光和白平衡存储为可以通过按下复选按钮在下一次渲染中重用的值。

1.【景深】卷展栏

　　【景深】卷展栏定义相机光圈的形状。禁用时，会模拟一个完美的圆形光圈。启用时，用指定数量的叶片模拟多边形光圈。

■ 【散焦】：相机散焦成像，与聚焦相反。

■ 【焦距】：对焦距离影响景深，并确定场景的哪一部分将对焦。

■ 【焦点来源】按钮 ⊕：通过在摄像机应该对焦的视口中拾取，确定三维空间中的位置。

2.【效果】卷展栏

■ 【渐晕】：该参数控制真实世界相机的光学渐晕效果的模拟。指定渐晕效果的数量，其中0.0为无渐晕，1.0为正常渐晕。如图10-86所示为渐晕效果应用示例。

晕影是0.0（渐晕被禁用）　　　　晕影 是1.0

图10-86　渐晕效果应用示例

■ 【垂直镜头倾斜】：使用此参数可以实现两点透视效果。

10.4.3　【渲染参数】卷展栏

　　在V-Ray中，【渲染参数】卷展栏控制图像的渲染质量，包括噪点控制、阴影比率、抗锯齿采样器及其优化设置等。

　　【渲染参数】卷展栏中还包括5个子卷展栏，如图10-87所示。

图10-87　【渲染参数】卷展栏

1.【渲染质量】子卷展栏

　　【渲染质量】参数设置仅仅在【渲染】卷展栏中关闭【交互式】渲染选项而采用【渐进式】渲染选项时才可用。【渲染质量】子卷展栏中的选项设置如图10-88所示。

　　【渲染质量】子卷展栏中各选项含义如下。

■ 【噪点限制】：指定渲染图像中可接受的噪点级别。数字越小，图像的质量越高（噪点越小）。

■ 【时间限制（分钟）】：指定以分钟为单位的最大渲染时间。达到指定数量时，渲染停止。这只是最终像素的渲染时间。

■ 【最小细分】：确定每个像素采样的初始（最小）数量。这个值很少需要高于1，除非是细线或快速移动物体与运动模糊相结合。实际采用的样本数量是该数字的平方。

- 【最大细分】：确定一个像素的最大采样数量。实际采用的样本数量是该数字的平方。例如，4个细分值会产生每个像素16个采样。请注意，如果相邻像素的亮度差异足够小，则V-Ray可能会少于最大样本数。
- 【阴影比率】：控制将使用多少光线计算阴影效果（例如光泽反射，GI，区域阴影等），而不是抗锯齿。数值越高意味着花在消除锯齿上的时间就越少，并且在对阴影效果进行采样时会付出更多努力。

图10-88 【渲染质量】子卷展栏

2.【抗锯齿过滤】子卷展栏

【抗锯齿过滤】子卷展栏的选项设置如图10-89所示。

- 【尺寸/类型】：控制抗混叠滤波器的强度和要使用的抗混叠滤波器的类型。

图10-89 【抗锯齿过滤】子卷展栏

3.【色彩映射】子卷展栏

【色彩映射】子卷展栏的选项设置如图10-90所示。

- 【子像素钳制】：指定颜色分量的钳位级别。
- 【高光混合】：有选择地将曝光校正应用于图像中的高光。

图10-90 【色彩映射】子卷展栏

4.【最佳优化】子卷展栏

【最佳优化】子卷展栏的选项设置如图10-91

所示。

- 【自适应灯】：启用自适应光源选项时由V-Ray评估场景中的灯光数量。为了从光源采样中获得正面效果，该值必须低于场景中的实际灯光数量。值越低，渲染速度越快，但结果可能会更粗糙。较高的值会导致在每个节点计算更多的灯光，从而产生较少的噪点，但会增加渲染时间。
- 【最大跟踪深度】：指定将为反射和折射计算的最大反弹次数。
- 【不透明深度】：控制透明物体追踪深度的程度。
- 【最大光线强度】：指定所有辅助射线被夹紧的等级。
- 【二次反弹光线偏移】：将应用于所有次要光线的最小偏移。如果场景中有重叠的面，可以使用此功能以避免可能出现的黑色斑点。
- 【蓝色噪波采样】：启用选项优化，在一般情况下以更少的样本导致更好的噪声分布。
- 【照片级光线追踪】：启用照片级别的光线追踪（英特尔的光线追踪内核）。
- 【节省存储器】：Embree（表示英特尔开发的高性能光线追踪内核的集合）将使用更加紧凑的方法来存储三角形，这可能会稍慢些，但会减少内存使用量。

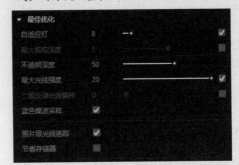

图10-91 【最佳优化】子卷展栏

5.【开关】子卷展栏

【开关】子卷展栏的选项设置如图10-92所示。

图10-92 【开关】子卷展栏

- 【置换】：启用（默认）或禁用V-Ray的置换贴图。

- 【光源】：全局启用灯光。请注意，如果禁用该选项，V-Ray仅使用全局照明来照亮场景。
- 【隐藏光源】：启用或禁用隐藏灯的使用。启用此选项后，无论是否隐藏灯光都会渲染灯光。当此选项关闭时，因任何原因（显式或按类型）隐藏的灯光都不会包含在渲染中。
- 【阴影】：全局启用或禁用阴影。

10.4.4 【全局照明】卷展栏

全局照明是指在渲染场景中的真实照明，包括光的直接照射、折射及物体反射（间接照明）。如果在【渲染】卷展栏中开启【互动式】选项，仅开启了直接照明，此时的【全局照明】卷展栏如图10-93所示。

图10-93　开启【互动式】的【全局照明】卷展栏

关闭【互动式】选项，同时开启主引擎和二级引擎，此时的【全局照明】卷展栏如图10-94所示。

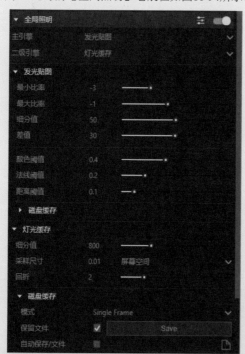

图10-94　关闭【互动式】的【全局照明】卷展栏

1.【主引擎】选项

指定用于主要光线反弹的GI（间接照明）方法。包含三种主光线引擎。

（1）【发光贴图】引擎。

【发光贴图】引擎使V-Ray对初始漫反射使用发光贴图。通过在三维空间中创建具有点集合的贴图以及在这些点上计算的间接照明来工作。【发光贴图】的详细设置如图10-95所示。

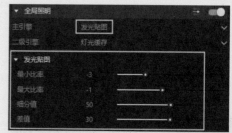

图10-95　【发光贴图】引擎的设置选项

- 【最小比率】：确定第一个GI通道的分辨率。值为0意味着分辨率将与最终渲染图像的分辨率相同，这将使发光贴图与直接计算方法类似。值为-1意味着分辨率将是最终图像的一半。
- 【最大比率】：确定最后一个GI通道的分辨率。这与自适应细分图像采样器的最大速率参数（尽管不相同）类似。
- 【细分值】：控制各个GI样本的质量。较小的值使渲染进度变得更快，但可能会产生斑点结果。值越高，图像越平滑。
- 【差值】：该值定义被用于插值计算的GI样本的数量。较大的值会取得较光滑的效果，但会模糊GI的细节；较小的值会得到锐利的细节，但是也可能会产生黑斑。

（2）【强算】引擎。

【强算】引擎是最简单、最原始的算法，也称直接照明计算。其渲染速度很慢，但效果是最精确的，尤其是在具有大量细节的场景。不过，如果没有较高的细分值，通过【强算】引擎渲染出来的图像会有明显的颗粒效果。仅当在【渲染】卷展栏中开启【互动式】选项后，可以设置强算，如图10-96所示。

图10-96　【强算】引擎的设置选项

（3）【灯光缓存】引擎。

【灯光缓存】引擎为主要的漫反射指定光缓

存。关于【灯光缓存】的选项设置在后面【灯光缓存】卷展栏中详细介绍。

2.【二级引擎】选项

二级引擎指用于二次反射的GI方法。包括"无""强算"和"灯光缓存"三种引擎。如图10-97所示为主光线引擎与次光线引擎搭配使用的渲染效果对比。

图10-97 主光线引擎与次光线引擎搭配使用的渲染效果对比

3.【灯光缓存】子卷展栏

灯光缓存是用于近似场景中的全局照明的技术。

- 【细分值】：确定摄像机追踪的路径数。路径的实际数量是细分的平方（默认1000个细分意味着将从摄像机追踪1000000条路径）。如图10-98所示为"细分"的应用示例。

细分= 500　　　细分= 1000　　　细分= 2000

图10-98 "细分"的应用示例

- 【采样尺寸】：确定灯光缓存中样本的间距。较小的数字意味着样本将彼此更接近，灯光缓存将保留光照中的尖锐细节，但会更嘈杂，并会占用更多内存。

- 【回折】：此选项可在光缓存会产生太大错误的情况下提高全局照明的精度。对于有光泽的反射和折射，V-Ray根据表面光泽度和距离来动态决定是否使用光缓存，以使由光缓存引起的误差最小化。请注意，此选项可能会增加渲染时间。

4.【磁盘缓存】子卷展栏

- 【模式】：控制光子图的模式。包括Single Frame和Form File使用文件。

Single Frame（单帧）：设置此选项，将生成动画的单帧光子图。

Form File：启用该选项时，V-Ray不会计算光子贴图，但会从文件加载。单击右侧的【浏览】按钮指定文件名称。

5.【焦散】子卷展栏

焦散是一种光学现象，光线从其他对象反射或通过其他对象折射之后投射在对象上所产生的效果。在V-Ray场景中，要生成焦散效果，必须满足三个基本条件，包括能生成焦散的灯光、产生焦散的对象以及接受焦散的对象。

【焦散】卷展栏如图10-99所示。其中【磁盘缓存】卷展栏在【全局照明】卷展栏中已经详细介绍过。

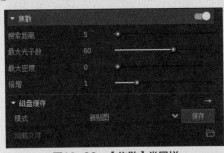

图10-99 【焦散】卷展栏

- 【搜索距离】：当V-Ray需要渲染给指定表面点的焦散效果时，会搜索阴影点（搜索区域）周围区域中该表面上的光子数。搜索区域是一个原始光子在中心的圆，其半径等于搜索距离值。较小的值会产生更锐利但可能更嘈杂的焦散；较大的值会产生更平滑，但模糊的焦散。

- 【最大光子数】：指定在表面上渲染焦散效果时将要考虑的最大光子数。较小的值会导致使用较少的光子，并且焦散会更尖锐，但也许更嘈杂。较大的值会产生更平滑，但模糊的焦散。当最大光子数为0时，意味着V-Ray将可以在搜索区域内找到所有光子。

- 【最大密度】：限制焦散光子图的分辨率（以及内存）。每当V-Ray需要在焦散光子图中存储新光子时，首先会查看在此参数指定的距离内是否还有其他光子。

- 【倍增】：控制焦散的强度。此参数是全局性的，适用于产生焦散的所有光源。如果需要不同光源的不同倍频器，请使用本地光源设置。

6. 【环境光遮蔽（AO）】子卷展栏

【环境光遮蔽（AO）】子卷展栏控制允许将环境遮挡项添加到全局照明解决方案中。

■ 【半径】：确定产生环境遮挡效果的区域的数量（以场景单位表示）。

■ 【遮蔽量】：指定环境遮挡量。0值不会产生环境遮挡。

10.4.5 【空间环境】卷展栏

【空间环境】用于模拟大气效果和雾效果。【空间环境】卷展栏如图10-100所示。

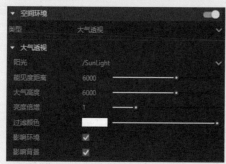

图10-100 【空间环境】卷展栏

【类型】：包括【大气透视】类型和【环境雾】类型。

【大气透视】：模拟空中透视大气效果，这是通过地球大气层从远处观察物体的结果。效果类似于雾或霾。

【环境雾】：模拟雾或大气尘埃等参与介质。默认情况下会散射从所有场景光源发出的光。【环境雾】类型的选项如图10-101所示。

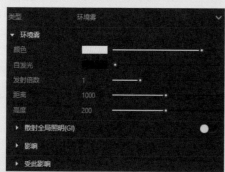

图10-101 【环境雾】类型选项

【大气透视】类型包括【阳光】、【能见度距离】等选项。

■ 【阳光】：指定场景中空中透视效果连接到的太阳对象。

■ 【能见度距离】：以m为单位指定雾吸收来自

其后方物体的90%的光的距离。较低的值会使雾看起来更浓，而较大的值会降低空中透视的效果。应用示例如图10-102所示。

图10-102 能见度距离

■ 【大气高度】：以m为单位控制大气层的高度。较低的值可用于艺术效果。该值以m为单位，并根据当前SketchUp单位在内部进行转换。大气高度应用示例如图10-103所示。

图10-103 大气高度

■ 【亮度倍增】：控制从大气效应散射的阳光量。默认值1.0是物理上准确的；较低或较高的值可用于艺术目的。

■ 【过滤颜色】：影响未散射光的颜色。

■ 【影响环境】：禁用时，大气效果仅应用于撞击实际物体的相机光线，而不应用于撞击天空的光线。这是因为VRaySky纹理已经考虑了散射阳光的数量。但是，可以为艺术效果启用此选项，尤其是在低能见度范围内。

■ 【影响背景】：指定是否将效果应用于撞击背景的相机光线（如果使用VRaySky以外的背景）。此选项默认启用，但禁用时可能会产生一些有趣的效果。

10.4.6 【轮廓】卷展栏

【轮廓】卷展栏的选项可以更好地控制线条，让渲染比以往更容易具有说明性的外观。启用卷展栏，将轮廓（卡通覆盖）应用到整个场景，可以使用许多直观的控件来改变其外观。此选项的最大好处是其可以轻松地为所有场景对象添加轮廓。

【轮廓】卷展栏如图10-104所示。

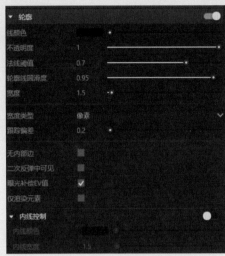

图10-104　【轮廓】卷展栏

- 【线颜色】：指定轮廓的颜色。
- 【不透明度】：指定轮廓的不透明度。
- 【法线阈值】：确定何时为具有不同表面法线的同一对象的部分创建线（例如，在盒子的内边缘）。值0.0表示只有90°或更大的角度会生成内部线。更高的值意味着面法线之间更平滑的过渡也可以生成一条线。将此值设置为1.0会完全填充弯曲的对象。
- 【轮廓线圆滑度】：确定何时为同一对象的重叠部分创建轮廓。较低的值会减少内部重叠线，而较高的值会产生更多的重叠线。将此值设置为1.0会完全填充弯曲的对象。
- 【宽度】：指定轮廓的宽度。
- 【宽度类型】：在像素和沃尔兹单位之间更改宽度测量单位。
- 【跟踪偏差】：确定在反射/折射中跟踪轮廓时的光线偏差。此参数取决于场景的比例。
- 【无内部边】：启用该选项后，几何图形的内边缘不考虑用于计算卡通线。
- 【二次反弹中可见】：启用该选项后，轮廓会出现在反射/折射中。
- 【曝光补偿EV值】：启用该选项后，线条颜色值会自动调整以补偿相机应用的任何曝光校正。
- 【仅渲染元素】：轮廓仅出现在轮廓渲染元素中，而不出现在RGB/ Beauty图像中。

10.4.7　【降噪器】卷展栏

降噪器采用现有渲染并在图像通过正常方式完成渲染后对其应用降噪操作。降噪操作检测存在噪声的区域并将其平滑。【降噪器】卷展栏如图10-105所示。

图10-105　【降噪器】卷展栏

用户可以在三种渲染引擎之间切换进行图像降噪处理。

- 【V-Ray降噪器】：使用CPU或GPU（AMD或NVIDIA GPU）来执行降噪。
- 【英伟达AI降噪】：英伟达NVIDIA AI降噪器需要NVIDIA GPU才能工作，无论实际渲染是在CPU还是GPU上执行的。这意味着在CPU上进行渲染仍然需要NVIDIA GPU来使用NVIDIA AI降噪器进行降噪，并且与默认V-Ray降噪器相比具有一些优点和缺点。
- 【英特尔开放式图像降噪】：这种降噪器适用于用户的CPU设备，不适用硬件加速。
  【V-Ray降噪器】类型的选项含义如下。
- 【重置】：提供预设以自动设置强度和半径值。
- 【强度】：指定降噪操作的强度。
- 【半径】：指定每个像素周围要降噪的区域。较小的半径会影响较小范围的像素。较大的半径会影响较大的范围，这会增加噪声去除。
- 【模式】：指定降噪器的结果如何在VFB中保存和呈现。包括下面三种模式。
- 【仅渲染元素】：生成降噪所需的所有渲染元素，但不计算图像的降噪版本。
- 【隐藏降噪通道】：VRayDenoiser通道在VFB中不单独存在。effectsResult通道是使用降噪图像生成的。
- 【显示降噪通道】：生成VRayDenoiser和effectsResult通道。

第11章
V-Ray场景渲染案例

本章将会学习到各种场景中的真实渲染案例，会全面介绍V-Ray在渲染过程中的参数设置与效果输出。

知 识 要 点

- 展览馆中庭空间渲染案例
- 室内厨房渲染案例

- 材质应用技巧案例
- 室内布光技巧案例

11.1 案例一：展览馆中庭空间渲染案例

源文件：\Ch11\室内中庭.skp
结果文件：\Ch11\室内中庭.skp
视频：\Ch11\展览馆中庭空间渲染案例.wmv

　　本案例以某展览馆的中庭空间作为渲染操作对象，目的是让大家学习如何在室内进行室外布光的技巧。

　　本例将参考一张效果原图进行分析，然后确定渲染方案及操作。本例渲染参考图如图11-1所示。参照参考图，需要创建一个与渲染参考图中视角相同的场景，如图11-2所示。接下来在SketchUp 中利用V-Ray渲染器对中庭空间进行渲染，如图11-3和图11-4所示为初次渲染和添加人物及其他摆设件后的渲染效果图。

　　本例的源文件"室内中庭.skp"中，已经完成了材质的应用，接下来的操作中主要以布光技巧应用与调色及后期处理为主。

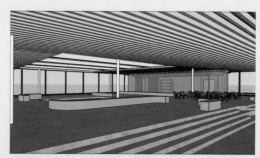

图11-2　模型场景

图11-3　初次渲染

图11-1　参考图片

图11-4　最终渲染

11.1.1 创建场景和添加组件

源文件模型中并没有人物及其他植物组件，需要从材质库中调入应用。

1. 创建场景

01 打开本例源文件"室内中庭"模型，如图11-5所示。

图11-5 打开场景文件

02 调整完成视图角度和相机位置，然后执行【视图】|【两点透视】命令，如图11-6所示。

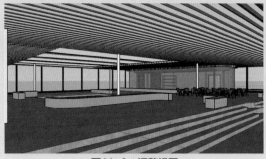

图11-6 调整视图

03 在【场景】面板中单击【添加场景】按钮⊕，创建场景号1，如图11-7所示。

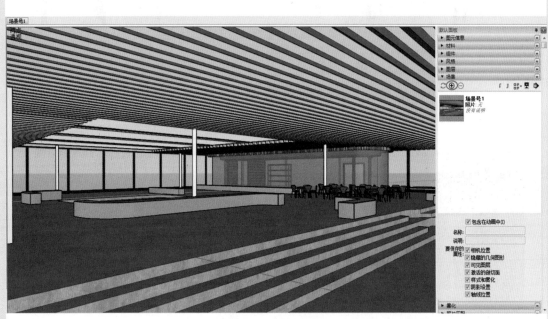

图11-7 创建场景号1

2. 添加组件

人物、植物等组件可以通过SketchUp 中的"3D Warehouse"去获得，"3D Warehouse"可以上传自己的模型与网络中的设计人员共享，当然也能分享其他设计师的模型。

01 在菜单栏中执行【窗口】|【3D Warehouse】命令，打开【3D Warehouse】窗口，在窗口中的搜索栏中选择"人物"类型，显示所有人物模型，如图11-8所示。

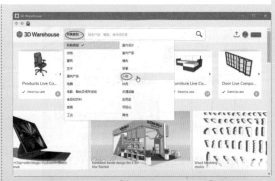

图11-8 打开【3D Warehouse】窗口

◎技巧·◎

　　要使用3D Warehouse，前提是必须注册一个官网账号，3D Warehouse中的模型均为免费。3D Warehouse窗口的默认语言是英文，将光标移动到注册用户名位置，会弹出一个菜单，执行【3D Warehouse设置】命令，再在窗口右下角选择【简体中文】选项即可。

02 在左侧的【子类别】下拉列表中选择【插孔】选项，然后在人物列表中找到一种符合当前场景的人物（一位坐姿的女性），并单击【下载】按钮 ↓ 进行下载，如图11-9所示。

图11-9　选择人物类别

03 下载女性人物模型后，将其移动到场景中的椅子上，并适当旋转，如图11-10所示。

图11-10　下载人物组件并放置

04 接着载入第二个女性人物（寻找背挎包或者手拿包的女性），如图11-11所示。

图11-11　载入第二个人物组件

05 最后载入一名男性，并使该男性背对着镜头，如图11-12所示。

◎提示·◎

　　由于这些人物组件是在2020年下载的，现在这些组件可能寻找起来比较困难，因此用户可以将这三个人物组件保存在本例源文件中作为备用。当然也可以下载其他人物组件来替代本例中的人物组件。使用组件时，在默认面板的【组件】卷展栏中单击➡按钮，执行【打开或创建本地集合】命令，然后选择本例文件夹即可。

图11-12　载入男性人物组件

06 接着添加植物组件，载入植物模型的方法与人物模型的方法相同，分别载入本例源文件"植物组件"中的植物模型，然后放置在中庭花园以及餐厅外侧，如图11-13所示。

◎技巧·◎

　　这里重点提示一下，当载入植物模型后，不管是渲染还是操作模型，都会严重影响到系统的反应，造成软件系统卡顿。因此，可以把光源添加完成并调试成功后，再添加植物组件。当然，最好的解决方法是添加二维植物组件，因为二维组件比三维组件的渲染效率更高。

图11-13 添加植物组件

11.1.2 布光与渲染

初期的渲染主要是以自然的天光照射为主。

01 在【阴影】面板中设置阴影，如图11-14所示。

图11-14 设置阴影

02 打开【V-Ray资源编辑器】对话框，首先利用交互式渲染阴影效果，看看是否符合参考图中的阴影效果，如图11-15所示。从渲染效果看，基本满足室内的光源照射要求，但还要根据实际的室内外环境进行光源的添加与布置。由于中庭顶部与玻璃窗区域是黑色的，没有体现光源，所以接下来要添加光源。

图11-15 阴影渲染

03 添加穹顶灯表示天光。单击【无限大平面】按钮<kbd>⬚</kbd>，添加一个无限平面，如图11-16所示。

04 单击【穹顶灯】按钮<kbd>◰</kbd>，将穹顶灯放置在无限平面的相同位置，如图11-17所示。

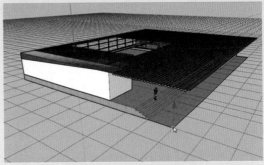

图11-16 添加一个无限平面

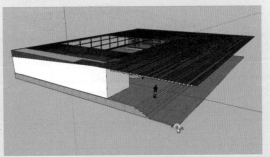

图11-17 添加穹顶灯

⑤ 接下来添加面光源。单击【面光源】按钮⛶，并调整大小及位置，如图11-18所示。

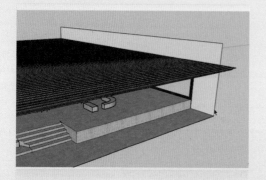

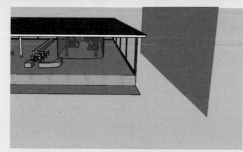

图11-18　添加面光源

⑥ 再添加面光源，面光源大小及位置如图11-19所示。

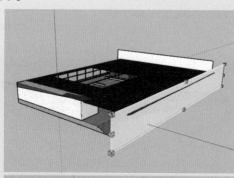

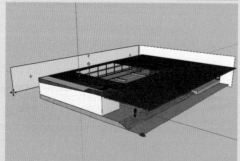

图11-19　再添加面光源

⑦ 在【光源】选项卡中调整各光源的强度值，如图11-20所示。然后重新设置交互式渲染，得到如图11-21所示的效果。

图11-20　设置光源强度

图11-21　交互式渲染效果

⑧ 从渲染效果看，布置穹顶灯和面光源的效果还是比较理想的。现在，可以将植物组件一一导入到场景中，如图11-22所示。

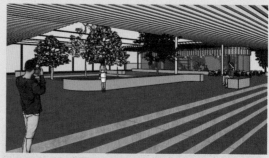

图11-22　导入植物组件

⑨ 关闭交互式渲染。打开渐进式渲染，设置渲染质量及渲染输出，如图11-23所示。

图11-23　打开渐进式渲染

⑩ 为了增强太阳光的眩晕效果，在中庭顶部添加一个球灯，并设置球灯的强度为2000，如图11-24所示。

图11-24 添加球灯

⑪ 单击【渲染】按钮 ，开始渲染，渲染效果如图11-25所示。

图11-25 渐进式渲染效果

⑫ 在帧缓存窗口中，展开右侧的【图层】选项卡。在【显示校正】组中单击【镜头效果】图层，下方显示镜头效果设置面板，然后按如图11-26所示的选项设置，获得太阳光光晕效果。实际上是对球形灯光进行眩光调整。

图11-26 设置光晕效果

⑬ 接下来单击【创建图层】按钮 ，依次往图层列表添加【色彩平衡】图层、【色相饱和度】图层、【白平衡】图层、【电影色彩】图层和【曝光】图层等，再逐一设置这些图层的参数，得到较为理想的室内渲染效果，如图11-27所示。

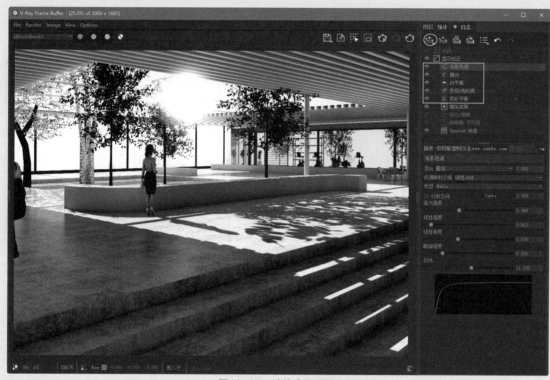

图11-27　渲染全局预设

⑭ 至此，完成了本例展览馆中庭的渲染，最终效果如图11-28所示。

图11-28　最终渲染

11.2 案例二：室内厨房渲染案例

源文件：\Ch11\室内中庭.skp
结果文件：\Ch11\室内中庭.skp
视频：\Ch11\展览馆中庭空间渲染案例.wmv

本案例以室内厨房空间作为渲染操作对象，目的是让大家学习如何在室内进行室内、室外布光的技巧。

本例渲染参考图如图11-29所示。对比参考图，需要创建一个与渲染参考图中视角及相机位置都相同的场景，如图11-30所示。

图11-29　参考图

图11-30　设置的场景视图

由于材质的应用不是本节渲染的重点，所以本例源文件中已经完成了材质的应用，接下来的操作主要以布光技巧应用与调色及后期处理为主。

11.2.1 创建场景和布光

源文件模型中并没有人物及其他植物组件，需要从材质库中调入应用。

1.创建场景

① 打开本例源文件"室内厨房"模型，如图11-31所示。

图11-31 打开场景文件

② 调整完成视图角度和相机位置，然后执行【视图】|【两点透视】命令，如图11-32所示。

图11-32 设置视图

③ 在【场景】面板中单击【添加场景】按钮⊕，创建场景号1，如图11-33所示。

2.布光

① 添加穹顶灯表示天光。单击【无限大平面】按钮⊂，添加一个无限平面，如图11-34所示。

图11-33 创建场景号1

② 单击【穹顶灯】按钮◎，将穹顶灯放置在无限平面的相同位置，如图11-35所示。

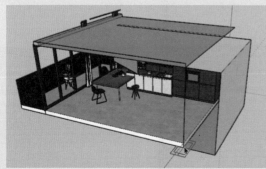

图11-34 添加无限平面

图11-35 添加穹顶灯

03 接下来为穹顶灯添加HDR贴图，要让室外有景色。在资源编辑器中的【光源】选项卡中选中穹顶灯光源，然后在右侧展开的【参数】卷展栏中单击 贴图按钮，如图11-36所示。

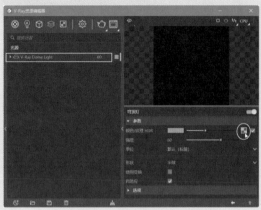

图11-36　为穹顶灯添加HDR贴图

04 接着从本例源文件夹中打开图片文件"外景.jpg"，并设置贴图参数，如图11-37所示。开启交互式渲染，并绘制渲染区域，查看初次渲染效果，如图11-38所示。

图11-37　设置贴图参数

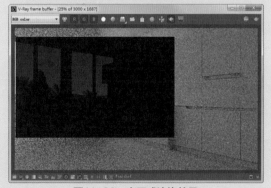

图11-38　交互式渲染效果

05 从渲染效果看，穹顶灯光源太暗了，没有显示出室外风景，在【光源】选项卡中调整穹顶灯光源的强度为80，再次查看交互式渲染效果，如图11-39所示。

图11-39　调整穹顶灯光源后的渲染

06 穹顶灯光源强度效果显现出来了，只是室内没有灯光照射，如果表现晴天的光线照射，可以打开V-Ray自动创建的太阳光源，并调整日期与时间，交互式渲染结果如图11-40所示。

图11-40　开启太阳光的渲染

07 如果要表现阴天的场景效果，需要关闭太阳光，窗外添加面光源表示天光。需要补充面光源，表示天光从室外反射进室内。单击【面光源】按钮，并调整大小及位置，如图11-41所示。

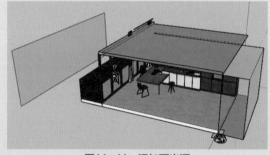

图11-41　添加面光源

中文版SketchUp 2022完全实战技术手册

⑧ 利用【矩形】工具▦绘制矩形面，将房间封闭，避免其余杂光进入室内，并设置光源的强度为150，如图11-42所示。

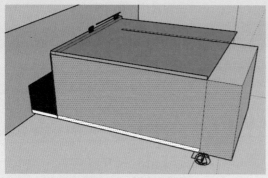

图11-42　绘制矩形面

⑨ 在资源编辑器中设置面光源"不可见"，设置阳光的值为0，如图11-43所示。

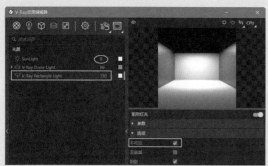

图11-43　设置面光源"不可见"

⑩ 查看交互式渲染效果，发现已经有光源反射到室内，如图11-44所示。

⑪ 取消材质覆盖再看下材质的表现情况。从表现效果看，整个室内场景的光色较冷，局部区域照明不足，可以通过添加室内面光源的方法，或者是修改某些材质的反射参数来实现效果。

图11-44　交互式渲染效果

⑫ 接下来采用修改材质反射度参数的方法来改进。利用【材料】面板中的【样本颜料】工具✐，在场景中拾取橱柜中的材质，下面举例其中一种材质，拾取材质后会在V-Ray资源编辑器的【材质】选项卡中显示该材质，然后修改其反射参数即可，如图11-45所示。

图11-45　编辑材质参数

⑬ 其余材质也按此方法进行材质参数的修改。在交互式渲染过程中如果发现窗帘过于反光，可以修改其漫反射的倍增值，如图11-46所示。

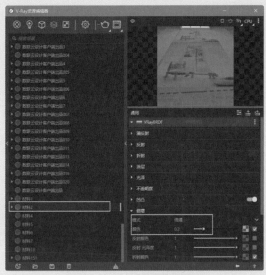

图11-46 修改窗帘的倍增值

11.2.2 渲染及效果图处理

前面的材质与布光完成后，接下来正式进行渐进式渲染。渲染后在帧缓存窗口中进行图形处理。

01 取消交互式渲染，改为渐进式渲染，并设置渲染输出参数，初期渲染效果如图11-47所示。

02 首先检查曝光，曝光位置就是窗外的光源位置，做适当调整，如图11-48所示。

03 打开全局渲染设置面板，设置色彩平衡选项，如图11-49所示。

04 设置电影色调选项，如图11-50所示。

图11-47 渐进式渲染效果

图11-48 检查曝光

图11-49　全局渲染预设

图11-50　调整光源的明暗度

⑤ 保存图片，至此完成了本例室内厨房的渲染操作。最终的室内厨房渲染效果如图11-51所示。

图11-51　室内厨房渲染效果

11.3 案例三：材质应用技巧案例

源文件：\Ch11\Materials_Start.skp
结果文件：\Ch11\Materials_finish.skp
视频：\Ch11\材质应用范例.avi

本案例介绍利用V-Ray for SketchUp材质的基础知识，包括如何使用材质库轻松地创作不同风格的图片，以及如何编辑现成材质、如何制作新的材质。如图11-52所示为应用材质后的最终渲染效果图。

图11-52　最终渲染效果图

11.3.1　创建场景

本例需要创建三个场景以此用作渲染视图。

01 打开本例素材场景文件"Materials_Start.skp"，如图11-53所示。

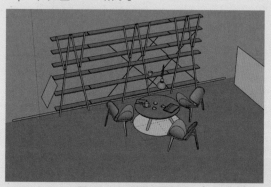

图11-53　打开场景文件

02 将视图调整为如图11-54所示的状态。在菜单栏执行【视图】|【动画】|【添加场景】命令，将视图状态保存为一个动画场景，方便进行渲染操作。创建的场景号1在【场景】面板中可见，场景可以重命名，如图11-55所示。

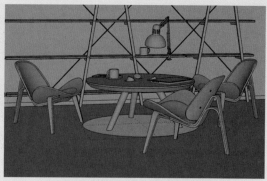

图11-54　视图调整

图11-55　创建场景1

03 同理，再创建一个命名为"茶杯视图"的场景号2，如图11-56所示。

图11-56　创建场景2

◎技巧·◦

当创建场景后如果对视图状态不满意，可以逐步调整视图状态，直到满意为止，然后在视图窗口的左上角的场景选项标签中右击并执行【更新】命令，可以将新视图状态更新到当前场景中。

11.3.2 渲染初设置

为了让渲染进度加快，需要对V-Ray进行初设置。

01 单击【资源编辑器】按钮❷，弹出【V-Ray资源编辑器】对话框。

02 在【设置】选项卡中进行渲染设置，如图11-57所示。然后单击【互动模式实时渲染】按钮，对当前场景进行初步渲染，可以看一下基础灰材质场景的状态，如图11-58所示。

◎技巧·◦

启用交互式渲染可以在用户进行每一步渲染设置后自动将设置应用到渲染效果中，可以帮助用户快速进行渲染操作与更改。

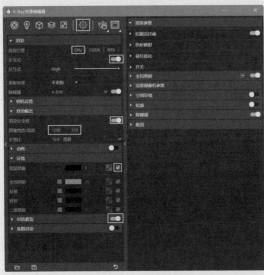

图11-57 渲染设置

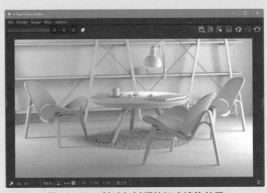

图11-58 基础灰材质的初步渲染效果

03 同理，对"茶杯视图"场景也进行基础灰材质渲染。

04 在打开的V-Ray Frame Buffer帧缓存窗口中单击【区域渲染】按钮，在帧缓存窗口中绘制一个矩形（在茶杯和杯托周围绘制渲染区域），这会把交互式渲染限制在这个特定区域内，以集中处理杯子的材质，如图11-59所示。

图11-59 绘制茶杯的渲染区域

11.3.3 应用V-Ray材质到"茶杯视图"场景中的对象

接下来利用V-Ray默认材质库中的材质对茶杯视图中的模型对象应用材质。基础灰材质渲染完成后请及时关闭【材质覆盖】按钮，便于后续应用材质后能及时反馈模型中的材质表现状态。

01 首先设置茶杯的材质，茶杯材质属于陶瓷类型。打开【V-Ray资源编辑器】对话框，并在【材质】选项卡中展开左侧的材质库。在材质库中的【03.陶瓷】类型中，将【陶瓷_A02_橙色_10cm】橙色陶瓷材质拖到【材质列表】标签中，如图11-60所示。

图11-60 将材质库的材质拖动到【材质列表】标签中

02 在"茶杯视图"场景中选中茶杯模型对象，然后在【材质列表】标签中右击【陶瓷_A02_橙色_10cm】材质，并执行【应用到选择物体】命令，随即完成材质的应用，如图11-61所示。

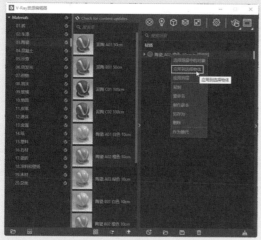

图11-61　将材质应用到所选物体

03 应用材质后，可以从打开的V-Ray Frame Buffer帧缓存窗口中查看材质的应用效果，如图11-62所示。

图11-62　茶杯材质的渲染效果

04 同理，可以将其他陶瓷材质应用到茶杯模型上，实时查看交互式渲染效果，以获得满意的效果，如图11-63所示。

图11-63　应用其他材质的渲染效果

05 接下来将类似的陶瓷材质添加给杯托模型，如图11-64所示。

图11-64　应用陶瓷材质给杯托

06 随后处理桌面的材质。在V-Ray Frame Buffer帧缓存窗口中绘制一个区域，将材质渲染集中应用到桌面上，如图11-65所示。

图11-65　绘制桌面的渲染区域

07 在【茶杯视图】场景中选中桌子模型对象，然后将材质库【09.玻璃】类别中的绿色镀膜玻璃材质应用给选中的桌面模型，如图11-66所示。

08 查看V-Ray Frame Buffer帧缓存窗口中的矩形渲染区域，查看桌面材质效果，如图11-67所示。

09 接着给笔记本绘制一个矩形渲染区域，如图11-68所示。

图11-66 应用材质

图11-68 绘制笔记本的渲染区域

⑩ 选中笔记本模型，然后将材质库Paper分类中的"Paper_C04_8cm"带图案的材质指定给笔记本，交互式渲染效果如图11-69所示。

图11-67 查看桌面材质的渲染效果

图11-69 笔记本应用材质后的渲染效果

◎技巧・◦

　　由于仅仅是对笔记本的封面进行渲染，里面的纸张就不必应用材质了，因此，在执行【应用到选择物体】命令后，材质并不会应用到封面上，这时需要在SketchUp 的【材料】面板中将"Paper_C04_8cm"材质添加到笔记本封面上，如图11-70所示。

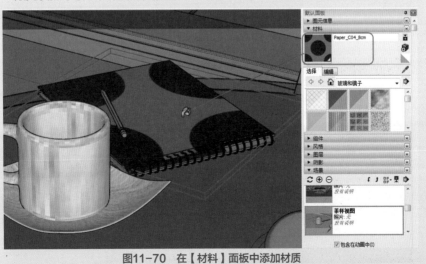

图11-70 在【材料】面板中添加材质

⑪ 笔记本上的图案比例较大,可以在【材料】面板中的【编辑】标签下修改纹理比例值,如图11-71所示。

图11-71　在【材料】面板中编辑材质参数

11.3.4　应用V-Ray材质到"主要视图"场景中的对象

① 切换到"主要视图"场景中。然后在V-Ray Frame Buffer帧缓存窗口中取消区域渲染,并重新绘制包含桌面底板及桌腿部分的渲染区域,同时在场景中按Shift键选取桌面底板及桌腿对象,如图11-72所示。

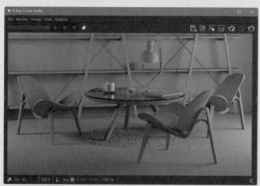

图11-72　绘制包含桌面与桌腿的渲染区域

② 将材质库【19.木材】类别中的"层压板_D01_120cm"材质应用给桌面底板及桌腿,同时在【材料】面板中修改纹理尺寸值,如图11-73所示。

图11-73　应用材质给桌面底板及桌腿

03 同理，将这个"层压板_D01_120cm"材质应用到三把椅子对象上。操作方法是：在场景中双击一把椅子组件并进入到组件编辑状态，然后再选择椅子对象，即可将材质应用给椅子，交互式渲染效果如图11-74所示。

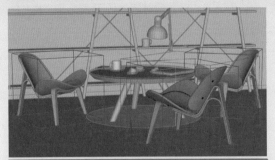

图11-74　应用材质给三把椅子

04 接下来选择椅子中包含的螺钉对象，选择一颗螺钉，其余椅子上的螺钉被同时选中，然后将【13.金属】类别中的"铝模糊"材质应用给螺钉，渲染效果如图11-75所示。

图11-75　应用材质给螺钉

05 同理，将【07.织物】类别中的"布料_图案_D01_20cm"材质应用给椅子上的坐垫，并修改纹理尺寸，效果如图11-76所示。如果【材料】面板中没有显示坐垫材质，可以单击【样本颜料】按钮 去场景中吸取坐垫材质。椅子的材质应用完成后，在场景中右击并执行【关闭组件】命令。

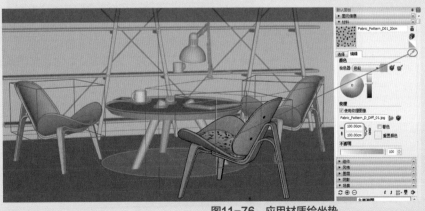

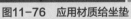

图11-76　应用材质给坐垫

06 接下来选择靠背景墙一侧的支撑架与支撑板及螺钉对象，统一应用【13.金属】类别中的"钢光滑"材质。然后绘制包含支撑架、支撑板及螺钉的渲染区域，如图11-77所示。

07 将【03.陶瓷】类别中的"泥陶 B01 50cm"陶瓷材质应用给支撑架上的一只茶杯，如图11-78所示。

08 给桌子上的笔记本电脑应用材质。在V-Ray Frame Buffer帧缓存窗口中绘制笔记本电脑的渲染区域，如图11-79所示。

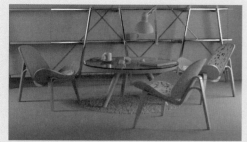

图11-77　绘制包含支撑架、支撑板及螺钉的渲染区域

图11-78　给支撑架上的茶杯应用材质

图11-79　绘制笔记本电脑的渲染区域

09 将材质库【15.塑料】类别中的"塑料 皮革 B01 黑色 10cm"材质赋予笔记本电脑下半部分，渲染效果如图11-80所示。

10 同理，将【13.金属】类别中的"金属 漆 暗青铜色"材质赋予笔记本电脑上半部分，渲染效果如图11-81所示。

图11-80　应用材质给笔记本电脑下半部分

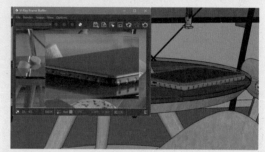

图11-81　应用材质给笔记本电脑上半部分

11 设置背景墙的材质。绘制背景墙渲染区域，将【涂料和壁纸】类别中的"墙漆 微粒 01 黄色 1m"材质赋予背景墙，如图11-82所示。

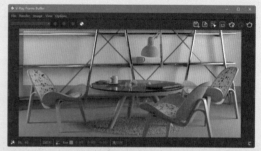

图11-82　添加背景墙的材质并绘制渲染区域

12 设置地板材质。绘制地板渲染区域，将【16.石材】材质类别中的"石材 F100cm"材质赋予地板，并在【材料】面板中修改此材质的纹理尺寸，交互式渲染效果如图11-83所示。

图11-83　添加地板的材质并绘制渲染区域

⑬ 最后设置台灯的材质。绘制台灯渲染区域，将【13.金属】材质类别中的"金属箔 红色"材质赋予台灯，交互式渲染效果如图11-84所示。

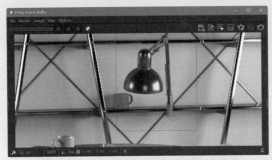

图11-84　添加台灯的材质并绘制渲染区域

11.3.5　渲染

① 在V-Ray Frame Buffer帧缓存窗口【图层】选项卡中单击【加载图层树预设】按钮，从本例源文件夹中打开CC_01.vccglb或CC_02.vccglb预设文件，如图11-85所示。

② 两种预设文件载入后的交互式渲染效果对比如图11-86所示。

图11-85　渲染全局预设

预设1的效果

预设2的效果

图11-86　载入两种预设文件后的渲染效果对比

③ 最终选择CC_02.vccglb的效果作为本例的渲染预设文件。在【V-Ray资源编辑器】对话框的【设置】选项卡中，首先结束交互式渲染（单击按钮）。然后重新进行渲染设置，如图11-87所示。

④ 单击【用V-Ray渲染】按钮，进行最终的材质渲染，效果如图11-88所示。

图11-87　渲染输出设置

图11-88　最终渲染效果

主要分为布光前准备、设置灯光、材质调整、渲染出图几个部分。室内客厅建立了三个不同的场景页面，如图11-89所示为在白天与黄昏时的渲染效果。

白天渲染效果

黄昏渲染效果

图11-89　室内补光效果图

由于本例是关于V-Rar布光的范例，因此材质的应用在本例中就不详细介绍了。

11.4.1　白天布光

1.创建场景

01 首先打开本例源文件"Interior_Lighting.skp"。事先已创建完成了三个场景，便于布光操作，如图11-90所示。

02 打开【V-Ray资源编辑器】对话框。开启交互式渲染，开启【材质覆盖】选项，然后进行交互式渲染，如图11-91所示。

11.4　案例四：室内布光技巧案例

源文件：\Ch11\Interior_Lighting_Start.skp
结果文件：\Ch11\Interior_Lighting_finish.skp
视频：\Ch11\室内布光技巧范例.wmv

本案例以V-Ray渲染室内客厅为主进行介绍，

图11-90　打开的场景文件

图11-91 渲染初设置与交互式渲染效果

⊙技巧·∘

　　为什么开启了【材质覆盖】选项后，滑动玻璃门却没有被覆盖呢？其实是在交互式渲染之前，在【材质】选项卡中将Glass玻璃材质的材质选项进行了有关设置，也就是关闭了【允许覆盖】选项，如图11-92所示。

图11-92 影响材质覆盖的设置选项

03 在SketchUp【阴影】面板中调整时间，让外面的太阳光可以照射到室内，如图11-93所示。

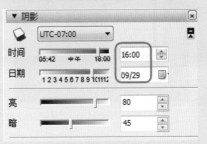

图11-93 设置时间

04 在【设置】选项卡的【相机设置】卷展栏中设置曝光值为9，让更多的光从阳台外照射进室内，如图11-94所示。满意后关闭交互式渲染。

图11-94 相机设置

2. 布置阳台入户处的天光

01 接下来需要创建面光源来模拟天光。单击【面光源】按钮🔲，创建第一个面光源，并调整面光源大小，如图11-95所示。

图11-95 创建第一个面光源

02 切换到"视图_02"场景中，再创建一面光源，如图11-96所示。

图11-96 创建第二个面光源

绘制面光源时,最好是在墙面上绘制,这样能保证面光源与墙面平齐。然后再进行缩放和移动操作即可。

03 创建面光源后利用【移动】工具❖分别将两个面光源向滑动玻璃门外平移。切换回"主视图"场景中,查看交互式渲染的布光效果,如图11-97所示。

图11-97 交互式渲染效果

04 可以看到添加的面光源只是代表来自户外的天光,而不是真正的一块面光源,所以还要对面光源进行设置。注意两个面光源的设置要保持一致,如图11-98所示。

图11-98 设置面光源参数

05 可以看到对面光源进行设置后的重新渲染效果,完全模拟了自然光从户外照射进室内的情景,如图11-99所示。

图11-99 设置面光源后的渲染效果

06 在【设置】选项卡中关闭【材质覆盖】选项,再次查看真实材质在自然光照射下的交互式渲染效果,如图11-100所示。

图11-100 取消材质覆盖后的渲染效果

07 接下来取消交互式渲染,改为产品级的渐进式渲染,渲染效果如图11-101所示。

图11-101 产品级的渐进式渲染效果

08 效果图的后期处理。在V-Ray帧缓存窗口中,创建LUT图层,然后在LUT图层下设置属性选项,选择【排除】选项,查看渲染效果中曝光的问题,如图11-102所示。

图11-102　显示图片中的曝光

09 同理，再创建曝光图层，设置高光混合值（Highlight Burn）为0.7左右。注意不要设置得太低，因为有可能让图片变得很平（缺乏明暗对比），重新渲染后的效果看起来曝光不那么明显了，如图11-103所示。

图11-103　调整曝光参数后的渲染效果

10 接着创建白平衡图层，设置色温为6000。创建色相饱和度图层，设置色相参数为−10。创建色彩平衡图层并调节参数，可以更复杂地控制图像的色彩，如图11-104所示。

11 创建曲线图层，调整场景的对比度，如图11-105所示。

图11-104　设置白平衡、色相、饱和度等参数

图11-105　调整场景的对比度

⑫ 在【图层】选项卡中单击【镜头效果】图层，如果在图层属性选项区中开启光晕，给远处的窗口带来更多真实摄影的光感。调整光晕强度为2，【阈值】参数控制着光晕效果对全图的影响程度，设置为2.83，光晕尺寸设置为9.41。最终效果图处理的结果如图11-106所示。

图11-106　打开相机效果后的渲染效果

⑬ 将后期处理的效果图输出。

11.4.2　黄昏时的布光

⓵ 重新打开Interior_Lighting.skp源文件。

⓶ 在【V-Ray资源编辑器】对话框的【设置】选项卡中重新开启【材质覆盖】选项，开启交互式渲染，在【环境】卷展栏中取消【背景】贴图选项的勾选，这样会减少室内环境光，设置背景值为5，背景颜色可以适当调深一点，交互式渲染效果如图11-107所示。

图11-107 环境设置与渲染效果

③ 为场景添加聚光灯。在主视图场景中连续两次双击灯具组件，进入其中一个灯具组的编辑状态中，如图11-108所示。如果向该灯具添加光源，那么其余的相同灯具会相应的自动添加光源。

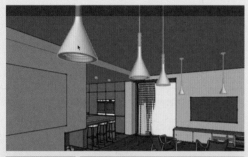

图11-108 激活灯具组件

④ 单击【聚光灯】按钮，在灯具底部放置聚光灯，光源要低于灯具，如图11-109所示。添加后关闭灯具群组编辑状态。

图11-109 在灯具底部添加聚光灯

⑤ 为场景添加IES光源。切换到"视图_02"场景，然后调整视图角度，便于放置光源。单击【IES灯】按钮，从本例源文件夹中打开"10.

IES"光源文件，然后在书柜顶部添加一个IES光源并将其复制一个（在移动灯具的过程中按下Ctrl键），如图11-110所示。

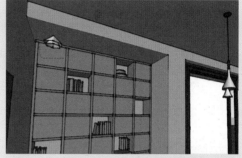

图11-110 在书柜顶部添加IES光源

⑥ 在厨房添加泛光灯。调整视图到厨房，单击【球灯】按钮，在靠近天花板的位置放置球灯，如图11-111所示。

图11-111 在厨房添加泛光灯

⑦ 双击"主视图"场景返回到初始视图状态，然后进行交互式渲染，结果如图11-112所示。可见各种光源的效果不甚理想，需要进一步设置光源效果。

图11-112 灯光的交互式渲染效果

08 聚光灯和球灯光源线关闭，仅开启要设置的IES光源。在V-Ray帧缓存窗口中绘制渲染区域，如图11-113所示。

图11-113　绘制渲染区域

09 IES文件自带一个亮度信息，但是需要对这个场景覆盖原始信息，自定义一个亮度。在IES光源的编辑器中设置光源强度，如图11-114所示。

图11-114　设置IES光源的强度值

10 接着开启球灯，并编辑球灯参数，将厨房的球灯灯光颜色调得稍暖一些，并适当增大强度，如图11-115所示。

图11-115　开启球灯并编辑球灯参数

11 开启聚光灯，设置聚光灯源参数，如图11-116所示。

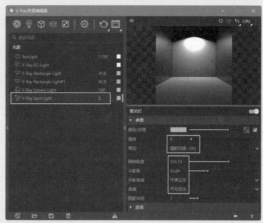

图11-116　开启聚光灯并设置聚光灯参数

12 查看交互式渲染效果，整体效果不错，但是桌子与椅子的阴影太尖锐了，如图11-117所示。

图11-117　室内整体的交互式渲染效果

13 需要将聚光灯光源的【阴影半径】参数修改为1，使其边缘被柔化，如图11-118所示。

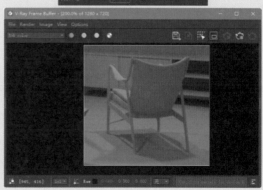

图11-118　设置聚光灯的边缘柔化

⑭ 同样，将聚光灯的颜色调整为一个暖色。关闭交互式渲染，改为产品级的真实渲染，关闭【材质覆盖】选项，最终渲染效果如图11-119所示。最后输出渲染图像，保存场景文件。

图11-119 渲染效果

第12章
Lumion建筑3D可视化

在传统二维模式下进行方案设计时无法很快地校验和展示建筑的外观形态，对于内部空间的情况更是难于直观地把握。虽然在SketchUp中可以实时地查看模型的透视效果、创建漫游动画、进行日光分析等，但由于SketchUp没有专业渲染器，无法实时表达建筑3D的渲染及可视化，为此将模型导出到Lumion实时渲染及可视化的软件中进行全景渲染及视角漫游，使设计师在与甲方进行交流时能充分表达其设计意图。

知识要点

- Lumion软件简介
- Lumion的界面功能标签
- Lumion建筑可视化案例

12.1 Lumion软件简介

本节将为读者推荐一款当前国内建筑与室内设计师应用最为广泛的建筑可视化渲染软件——Lumion。

Lumion是一款实时渲染软件，具有真实环境的渲染效果，深受建筑设计师、室内设计师的喜爱。Lumion可以从SketchUp、3ds Max、AutoCAD、Rhino或Archi CAD以及许多其他三维建模程序中导入设计师所创建的模型，Lumion通过逼真的景观和城市环境、时尚效果以及数千种物体和材料，为用户的设计注入活力。

12.1.1 Lumion 11.5正版软件的购买与下载

Lumion 11.5是当前应用十分广泛的商业版本，且功能齐全，操作简便。

1. Lumion 11.5软件的下载与试用

目前Lumion官方推出最新版软件Lumion 11.5。想要购买正版的用户可到Lumion官网中先申请试用，试用期限14天，满意后再通过正规渠道购买并下载程序。Lumion官网向企业、个人和学生三种用户群体推出不同的使用体验的软件程序。特别是向广大学生群体推出了免费版的Lumion 11.5，官网地址https://lumion.com/。在官网的【教育】选项下按照操作提示，即可获取免费使用的教育版。教育版不能用于实际工作，因为教育版的文件不能在商业版软件中打开或保存。但两者的功能是完全相同的，此外，所有的图库都会有一个小水印。

2. Lumion LiveSync for SketchUp 插件

Lumion LiveSync for SketchUp 插件是一款SketchUp 与Lumion实时联动的插件，即SketchUp 与Lumion软件同时打开，在Lumion软件中进行3D可视化场景设计时，在SketchUp 中可以实时播放效果。

【例12-1】：下载Lumion LiveSync for SketchUp 插件

01 打开网页浏览器，输入地址https://lumion.com/进入到Lumion官网主页中，如图12-1所示。

图12-1　进入Lumion官网主页

02 执行【支持】|【下载】命令，弹出导入和导出插件下载页面。共有5种模型插件供用户选择。选择Download Lumion LiveSync for SketchUp 选项，在弹出的Download Lumion LiveSync for SketchUp 页面中没有插件下载，但有告知通过SketchUp Extension Warehouse来安装插件，如图12-2所示。

为 SketchUp 下载 Lumion LiveSync

1.如何安装插件

1.1: 要安装插件，请确保您已在 Windows 上安装了 SketchUp 2017或更新版本以及 Lumion 8.3 或更新版本（不支持 Mac 上的 OSX）。

1.2: 您可按照说明通过 安装插件 如下视频教程：

图12-2 Lumion LiveSync for SketchUp 插件介绍页面

03 在SketchUp 2022中执行菜单栏的【扩展程序】| Extension Warehouse命令，进入SketchUp 插件商店主页。搜索Lumion LiveSync for SketchUp 插件，随后进入插件下载页面，如图12-3所示。

图12-3 进入SketchUp 插件商店

04 从搜索到的结果中选择【Lumion Live Syncfor……】选项，然后进入到下载页面，单击【安装】按钮，即可下载插件，如图12-4所示。

图12-4 进入SketchUp 插件商店下载插件

3.插件安装与SketchUp 模型的导出

Lumion与SketchUp 联动时，Lumion读取的不是skp格式文件，而是dae格式的文件。

【例12-2】：安装Lumion LiveSync for SketchUp插件程序

01 Lumion LiveSync for SketchUp 插件下载后将自动完成安装。

02 当然也可检查自动安装的结果。在菜单栏中执行【窗口】|【扩展程序管理器】命令，打开【扩展程序管理器】对话框，如图12-5所示。

图12-5 【扩展程序管理器】对话框

03 可以看到Lumion LiveSync for SketchUp 插件已经完成安装，并且免费使用该插件，如图12-6所示。如果有其他插件需要安装，可单击【安装扩展程序】按钮，选择插件程序进行安装即可。

图12-6 安装插件

04 插件安装完成后，会在SketchUp 2022窗口中弹出Lumion Livesync工具栏，如图12-7所示。通过使用该工具栏中的工具，可以临时使用Lumion来实时观察模型。

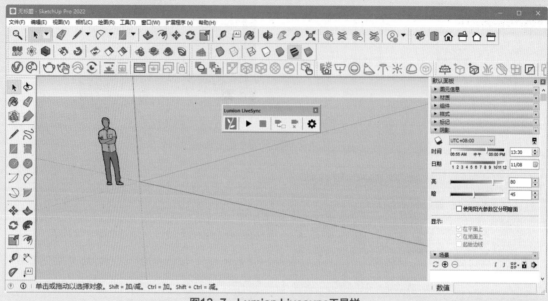

图12-7 Lumion Livesync工具栏

05 在SketchUp 中完成模型设计后，在菜单栏执行【文件】|【导出】|【三维模型】命令，在弹出的【输出模型】对话框中，选择dae文件类型，将skp模型导出为Lumion通用的dae格式，如图12-8所示。

图12-8 导出dae文件

> ◎提示·○
>
> 在Lumion中，您可以直接导入skp、dwg、fbx、max、3ds、obj等模型文件。

12.1.2 Lumion 11.5软件界面

Lumion对于电脑的配置要求是比较高的，特别是对显卡要求最高，下面介绍常用的电脑显卡（GPU）与CPU处理器的搭配。

1.Lumion与电脑配置

（1）超复杂的场景。例如，非常详细的城市、机场或体育场，非常详细的室内设计，多层内饰。

> ◎提示·○
>
> PassMark是国外的一款专业的电脑硬件评测软件，软件下载地址：http://www.passmark.com/ftp/petst.exe。

- 最少10000个PassMark积分。
- 8 GB及以上显卡内存。
- DirectX 11兼容。
- CPU应具有尽可能高的GHz值，理想情况下为4.2GHz以上。
- 示例：NVIDIA GTX 2080 Ti（11 GB内存），NVIDIA GTX 1080 Ti（11 GB内存）。

（2）非常复杂的场景。如大型公园或城市的一部分，详细到高度详细的内部，多层内部。

- 至少8000个PassMark积分。
- 6 GB显卡内存。
- DirectX 11兼容。
- CPU应具有尽可能高的GHz值，理想情况下为4.0GHz以上。
- 示例：NVIDIA GTX 1060（6 GB内存），Quadro K6000。

（3）中等复杂的场景。例如中等细节的办公楼。

- 至少6000个PassMark积分。
- 4 GB显卡内存。
- 以4K分辨率（3840x2160像素）渲染影片需要至少6G B的显卡内存。
- DirectX11兼容。

（4）简单场景。例如，小型建筑物/内部，细节有限。

- 至少2000 PassMark积分。
- 2 GB显卡内存。
- 以4K分辨率（3840×2160像素）渲染影片需要至少6 GB的显卡内存。
- DirectX 11兼容。

2.启动界面

Lumion 11.5软件安装成功后，在桌面上双击 图标启动软件，随后弹出Lumion启动界面，默认的软件界面语言是英文，可以单击顶部的 图标，选择"简体中文"语言，使软件的界面变成全中文显示，便于新手学习与操作，如图12-9所示。

图12-9 选择界面语言

进入Lumion 11.5后，系统会自动运行测速程序，检验用户电脑的配置是否满足渲染的设备参数要求，如图12-10所示。

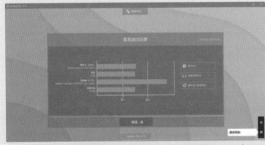

图12-10 Lumion 11.5测速

测速后单击【继续】按钮，进入Lumion欢迎界面。界面窗口中有【创建新的】【输入范例】【基准】【读取】【保存】和【另存为】6个选项，如图12-11所示。通过这6个选项，用户可以进入到场景中去创建3D实时可视化效果。

图12-11 选项

（1）【创建新的】选项。

选择【创建新的】选项进入【创建新项目】选项页，可看见Lumion提供了9个默认的基础场景配置文件，设计师可以选择合适的场景从而进入到场景中去操作，如图12-12所示。

图12-12 【创建新项目】选项页

（2）【输入范例】选项。

【输入范例】选项页中的每一个范例均包含了模型、材质、灯光等完整场景，如图12-13所示。选取一个范例会进入到场景中，借助于完整的模型信息，用户可以对其进行编辑，以熟悉Lumion软件的基本操作。

图12-13 【输入范例】选项页

（3）【读取】选项。

在【读取】选项中，用户可以载入已保存的任何场景文件，也可以将外部场景导入到当前场景中进行场景合并。选择【读取】选项打开【加载项目】页，如图12-14所示。

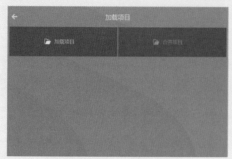

图12-14 【加载项目】页

（4）【保存】选项和【另存为】选项。

选择一个基础场景进入到场景中并完成自定义的场景创建以后，可以通过在【保存场景】选项中输入场景标题、输入场景说明，并单击【保存】选项或【另存为】选项，将场景文件保存。没有打开项目或新建项目时，【保存】选项和【另存为】选项不可用。

（5）【基准】选项。

【基准】选项显示的是用户电脑的配置在运行Lumion时呈现的运行速度反应。单击此区域，可以对用户电脑进行性能测试（包括显卡GPU、CPU和内存），弹出如图12-15所示的【基准测试结果】信息界面，如果电脑显卡性能低，系统会建议用户更换显卡。

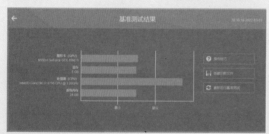

图12-15 【基准测试结果】显示界面

3.场景编辑界面

在启动界面的【创建新的】选项中选择一个基础环境模板可进入到场景编辑环境中，默认状态下场景处于编辑状态（场景界面右下角的【编辑模式】按钮是高亮显示的）。Lumion 11.5的场景编辑界面如图12-16所示。

图12-16 Lumion 11.5的场景界面

12.2 Lumion的界面功能标签

功能标签中有4个库标签，包括【素材库】【材质】【景观】和【天气】。每一种库标签所展示的控制面板功能是不同的。下面简单介绍一下这4个库标签的基本功能及操作。

12.2.1 【素材库】标签

通过【素材库】标签将Lumion模型插入到场景中。以载入一棵树为例，介绍插入植物的操作方法与步骤。

01 首先单击【素材库】标签，在控制面板中单击【自然】按钮，接着再单击【放置】图标，如图12-17所示。

图12-17 载入物体的基本操作

02 随后弹出【自然库】面板，如图12-18所示。在面板中列出了各种植物类型，包括完整的树木、草丛、花卉、仙人掌、岩石、树丛及叶子等。

图12-18 【自然库】面板

03 单击一种植物的图块，随后到场景中放置此植物，植物被包容框完全包容着，如图12-19所示。可以连续放置多颗植物，按Esc键取消放置。

图12-19 在场景中放置植物

中文版SketchUp 2022完全实战技术手册

04 放置植物后单击控制面板中的【选择】按钮，接着在弹出的属性面板中设置植物的透明度和植物的颜色等属性，如图12-20所示。

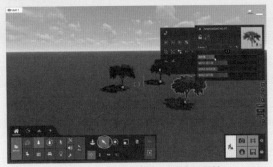

图12-20 设置植物的透明度和属性

05 完成植物的插入操作后，如果不再对此植物进行任何操作，需要在控制面板右侧单击【取消所有选择】按钮，取消植物的选中状态。

06 上述操作是针对植物、景观小品、人、声音及特效等的插入。如果是建筑模型，需在控制面板中单击【导入新模型】按钮，通过【打开】对话框打开建筑模型，如图12-21所示。

图12-21 打开建筑模型

07 插入物体后，接下来可以对物体进行移动、高度调整、调整尺寸和旋转操作。在控制面板中有7个物体操作工具用来操作物体。例如，单击【选择】按钮后，物体的底部显示一个控制点，如图12-22所示。这几个操作工具介绍如下。

- 自由移动：此工具用来在水平面（地面）上向任意方向平移物体。
- 向上移动：此工具用来在物体高度方向上移动物体。此工具的用法与【自由移动】工具的用法相同。
- 水平移动：此工具用来在水平方向上移动物体。
- 键入：通过输入物体的坐标值来确定物体的位置。

- 缩放：此工具可以调整物体的大小，以适应场景。
- 绕Y轴旋转：场景中的Y轴是指垂直于地面的绿色轴，此工具的用法与【自由移动】工具的用法相同。
- 删除：单击此按钮，再单击物体底部的控制点，即可删除物体。

图12-22 显示控制点

08 当光标（鼠标指针）放置于控制点时会显示水平平移方向键，拖动控制点就可以在水平面（地面）上任意平移物体了，如图12-23所示。

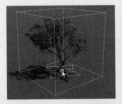 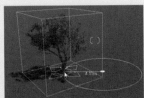

图12-23 平移物体

12.2.2 【材质】标签

【材质】标签主要用来对导入的建筑模型应用材质，或者对建筑模型上已有的材质进行编辑操作。仅当导入建筑模型后【材质】标签才可用。单击【材质】标签图标，在建筑物上选取一个面，会弹出【材质】面板，如图12-24所示。

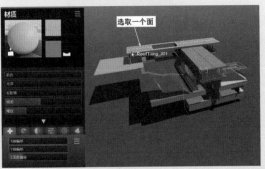

图12-24 选取面打开【材质】面板

通过【材质】面板，可以从材质库中载入新材质来填充所选的面，如图12-25所示。材质添加完成后需要在界面右下角单击【保存】按钮✔，保存材质的应用效果。

图12-25　打开【材质库】选择新材质

12.2.3　【景观】标签与【天气】标签

1.【景观】标签

通过【景观】标签可对原始场景中的地形地貌进行修改。单击【景观】标签图标▲，控制面板中显示景观编辑选项，如图12-26所示。控制面板左侧为景观编辑选项，右侧为某个编辑选项的扩展面板。

图12-26　景观编辑选项

2.【天气】标签

【天气】标签用于设置真实环境中的时间、太阳及云朵。单击【天气】标签图标，弹出天气编辑选项的控制面板，如图12-27所示。

图12-27　天气编辑选项

12.3　Lumion建筑可视化案例——别墅可视化

本节将以SketchUp中创建的别墅模型作为可视化范例的源模型，并从两个方面为大家介绍Lumion 11.5的场景可视化操作及渲染流程。第一个方面的操作包括场地的创建、材质的更换，植物模型的插入及其他设施设备的插入等。第二个方面主要是介绍室内的装饰设计与场景渲染，包括室内硬装及软装的材质添加、场景灯光的创建等。

在SketchUp中的别墅模型，如图12-28所示。

图12-28　SketchUp中的别墅模型

Lumion场景完成效果图如图12-29所示。

图12-29　场景渲染效果

12.3.1 基本场景创建

① 启动Lumion 11.5软件，在启动界面中选择【创建新的】选项，接着再选择Great Plain environment（创建平原环境）模板类型自动进入到场景中（进入到场景编辑模式），如图12-30所示。

图12-30　选择模板进入场景编辑模式

② 在【素材库】标签的控制面板中单击【导入新模型】按钮，从本例源文件夹中导入"别墅模型.dae"模型，如图12-31所示。

图12-31　导入别墅模型

③ 将模型放置于场景中的任意位置，如图12-32所示。从放置结果来看，建筑的地下一层在地面以下，需要手动的调整模型高度，使地下一层与场景中的地面重合。

④ 在控制面板中先单击【选择】按钮，再单击【向上移动】按钮，将光标放置于模型中的控制点上，然后拖动控制点往上来平移模型，如图12-33所示。

图12-32　放置模型

图12-33　调整建筑模型的高度

⑤ 可以看到导入的模型中，原先SketchUp 材质全部转移到Lumion中。可以根据自己的喜好来改变建筑模型的外观材质。单击【材质】标签按钮，然后选取地下一层中的"场地-地坪"地砖表面，如图12-34所示。

图12-34　选取地砖

06 在随后打开的【材质库】面板的【室外】选项中选择【石头】类型，接着在下方的列表中选择一种石材来替换原先的地砖材质，如图12-35所示。

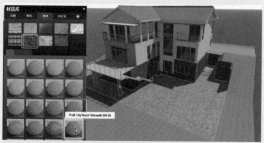

图12-35 选择新材质以替换旧材质

07 同理，可以替换其他地方的材质，如外墙、围墙、草坪、屋顶等，替换材质的效果如图12-36所示。

图12-36 替换完成的材质效果

08 材质修改后，接着往场景中插入物体对象，如人物、景观小品、交通工具等（前面在介绍【素材库】标签时已经介绍了物体的插入方法，这里直接跳过烦琐的步骤），如图12-37所示。

图12-37 插入物体

12.3.2 创建地形并渲染场景

01 单击【景观】标签按钮▲，再在控制面板中单击【高度】按钮▲和【提升高度】按钮▲，创建起伏地形，如图12-38所示。

02 通过单击【降低高度】按钮和【平整】按钮▲来调整地形高度，使创建的地形匹配原先模型的地形，如图12-39所示。

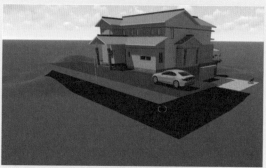

图12-38 创建地形

图12-39 平整地形

03 依次插入植物和花卉，结果如图12-40所示。

图12-40 插入植物和花卉

04 调整视图角度，在界面右下角的模式面板中单击【拍照模式】按钮◎，进入拍照模式。然后单击【保存相机视口】按钮◎，可将当前视图创建为固定的照片，如图12-41所示。

图12-41　进入拍照模式拍照

◎提示·◎

　　关于视图角度的控制，可以将光标放置于软件界面右下角的 ? 图标上，会弹出操作提示。

⑤ 再单击【渲染】按钮，弹出渲染设置页面。可将照片按照"邮件""桌面""印刷"和"海报"4种照片分辨率进行保存，分辨率越低，渲染的时间就越短，反之就越长。这里选择"邮件"形式进行保存，如图12-42所示。

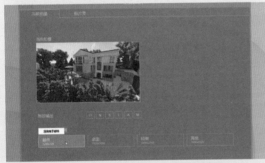

图12-42　选择渲染输出的分辨率

⑥ 然后自动渲染图像并将图片文件保存在系统路径中。同理，可以创建多种视图角度的拍照。场景渲染的效果如图12-43所示。

图12-43　场景渲染效果

12.3.3　创建建筑环绕动画

　　许多开发商往往在销售楼盘时都会制作该楼盘的动态场景动画，可让购房者得到很好的实景体验。建筑场景的环绕动画，是从远到近地漫游整个建筑场景，动画的制作基础就是拍摄关键节点位置的相片，最后只需把拍摄的相片进行连续播放即可。

① 在场景编辑界面右下角的模式面板中单击【动画模式】按钮，进入动画模式。

② 单击【录制】按钮，打开动画录制操作界面，如图12-44所示。

图12-44　打开动画录制界面

③ 先在场景区域中通过滚动鼠标中键和按右键来调整建筑物的方位，以便确定拍摄第一帧画面，一般动画都是从远到近地播放，所以第一帧画面要取远景，如图12-45所示。

图12-45　调整第一帧画面

第12章　Lumion建筑3D可视化

④ 接着单击【添加相机关键帧】按钮➕拍摄第一张
照片，也是动画的第一帧，如图12-46所示。

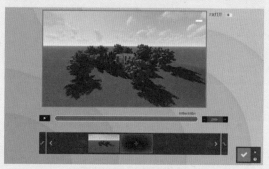

图12-46　添加第一帧

⊙提示·∘

　　关键帧一般取在相机运行过程中需要转变方向的起点或终点上，直线运动时取起点和终点即可，曲线运动取起点、中间点和终点。当然，如果需要镜头丰富多彩，可适时增加关键帧，也就是在需要多关注的地方多添加关键帧。

⑤ 在动画界面中通过鼠标中键和右键的配合，不断推进镜头，靠近建筑物时再单击【添加相机关键帧】按钮➕拍摄照片，创建动画的第二帧，如图12-47所示。

图12-47　添加第二帧

⊙提示·∘

　　滚动鼠标中键是调节镜头的焦距，也就是调整视图的大小。按下右键转动可以360°全景观察场景，即旋转视图。

⑥ 按此方法依次创建出其余关键帧。单击【播放】按钮▶生成动画，如图12-48所示。由于调整相机位置时基本上是直线和直线转弯运动，即默认播放动画会在直线起点和终点出现镜头停顿，可在帧画面的前面和最后面单击【缓入线型】按钮✓与【缓出流畅】按钮✓，使两个按钮由直线按钮✓变

成曲线按钮✓，这样就可以消除播放停顿。

图12-48　生成并播放动画

⑦ 最后在右下角单击【保存编辑返回到电影模式】按钮✓，返回到电影编辑模式中。在界面的左上角第一个文本框内修改短视频的标题为"环游别墅"，如图12-49所示。

图12-49　修改标题

⑧ 单击【自定义风格】按钮，为创建的动画选择"现实的"场景风格，如图12-50所示。

图12-50　选择动画场景风格

⑨ 单击【特效】按钮，弹出【选择剪辑效果】页面，在【天气】选项栏中为动画场景添加风效果，在【相机】选项栏中添加镜头光晕效果，如图12-51所示。

⑩ 单击【播放】按钮▶，再次播放动画。再单击【渲染影片】按钮回，开始渲染动画，如图12-52所示。

⑪ 在随后弹出的渲染影片的设置界面中，设置输出品质、每秒帧数和视频清晰度等，如图12-53所示。单击【全高清】选项按钮 全高清 1920 1650 ，将动画视频文件保存为MP4格式。

中文版SketchUp 2022完全实战技术手册

图12-51　选择剪辑效果

图12-52　开始渲染影片

图12-53　设置影片渲染选项

⑫ 保存视频文件后，开始动画渲染。根据系统配置的高低，渲染时长会有所不同。最终渲染完成后，单击【OK】按钮，结束建筑动画的制作，如图12-54所示。

图12-54　完成动画渲染

12.3.4　Lumion与SketchUp模型同步

在Lumion 11.5中，可以立即设置SketchUp模型的实时可视化。同样，在SketchUp中编辑建筑CAD模型的形状时，将看到这些变化实时体现在Lumion令人惊叹的逼真的环境中。

要实现模型同步操作，需安装Lumion LiveSync for SketchUp插件。前面已经介绍了插件的下载和安装，下面以某药店项目为例，介绍Lumion与SketchUp模型同步的基本操作流程。

① 启动SketchUp 2022，再打开本源文件夹中的"公共建筑.skp"文件，如图12-55所示。

② 启动Lumion 11.5，然后将Lumion界面置于电脑屏幕右侧，SketchUp置于屏幕左侧，如图12-56所示。

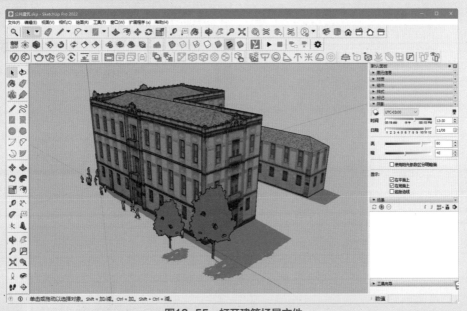

图12-55　打开建筑场景文件

第12章　Lumion建筑3D可视化

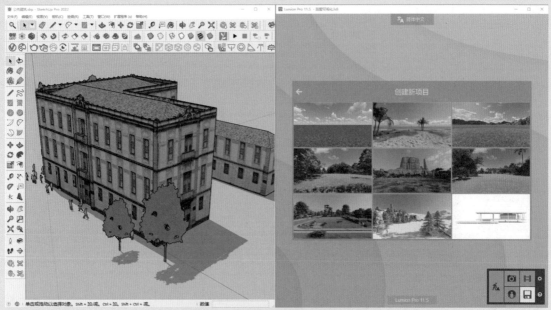

图12-56 布置软件界面在屏幕中的位置

⓪③ 在Lumion 11.5启动界面中选择第一个"创建平原环境"模板进入到场景编辑界面中。

⓪④ 在SketchUp 的Lumion Livesync工具栏中单击Start Livesync（开启Livesync）按钮▶启动Livesync插件程序，此时在Lumion 11.5软件界面中相应地显示"药店"项目场景，如图12-57所示。

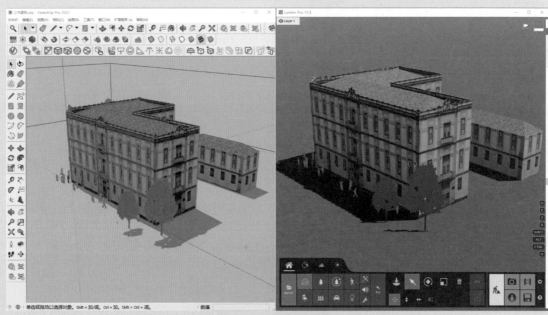

图12-57 同步显示场景

┌───┐
◎提示·∘

　　如果单击Start Livesync（开启Livesync）按钮▶会出现"Livesync will not work on your computer"的提示，表示Lumion的联网问题没有得到解决。去C：\Windows\System32\drivers\etc路径下把hosts用记事本打开，将安装Lumion时输入的那些断网站点删除即可。
└───┘

05 无论对SketchUp 进行视图操控或对模型进行编辑，都会实时反馈到Lumion中，几乎同步更新。如添加组件，如图12-58所示。

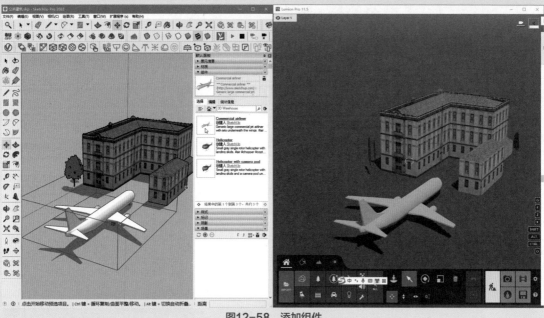

图12-58　添加组件

06 在SketchUp 中完成模型的编辑后，就可以在Lumion中对场景模型进行3D可视化操作了，如添加植物、设施，以及渲染和动画制作等。

第13章
建筑设计综合案例

本章将介绍SketchUp在住宅规划设计中的应用。通过两种不同的方式创建不同的住宅楼为例进行讲解，一种是以CAD图纸为基础创建住宅小区规划模型，另一种是自由创建单体住宅楼。

13.1 三居室室内装饰设计案例

源文件：\Ch13\室内平面设计图2.dwg，以及相应组件
结果文件：\Ch13\现代室内装修设计\室内设计案例.skp
视频：\Ch13\室内装饰设计.wmv

本案例以一张AutoCAD室内平面图纸为基础，学习如何将一张室内平面图迅速创建为一张室内模型效果图。

该室内户型属于两室一厅的小户型，建筑面积为72.3㎡，使用面积为53.5㎡。整个室内空间包括主卧、次卧、客厅、阳台、卫生间、厨房6个部分，其中客厅和餐厅相通，所以在设计过程中要尽量利用空间进行模型创建。

此次室内设计风格以简约温馨、现代时尚为主，非常适合现代都市白领人群居住。整个空间以绿色为主色调。为客厅制作了简单的装饰墙和装饰柜，对室内各个房间采用不同的壁纸和瓷砖材质进行填充，还导入了一些室内家具及装饰组件为其添加不同的效果，最后进行了室内渲染和后期处理，使室内效果更加完美。如图13-1~图13-3所示为室内建模效果，如图13-4~图13-6所示为渲染后期效果，操作流程如下。

（1）在AutoCAD软件里整理平面图纸。
（2）导入图纸。
（3）创建模型。

（4）填充材质。
（5）导入组件。
（6）添加场景。

图13-1　建模效果1

图13-2　建模效果2

图13-3　建模效果3

图13-4 后期效果1

图13-5 后期效果2

图13-6 后期效果3

13.1.1 方案实施

首先在AutoCAD里对图纸进行清理，然后将其导入到SketchUp中进行描边封面。

1.整理AutoCAD图纸

AutoCAD平面设计图纸里含有大量的文字、图层、线和图块等信息，如果直接导入到SketchUp中，会增加建模的复杂性，所以一般先在AutoCAD软件里进行处理，将多余的线删除，使设计图纸简单化，如图13-7所示为室内平面原图，如图13-8所示为简化图。

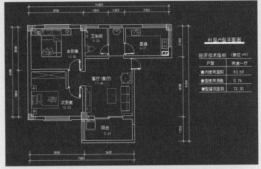

图13-7 AutoCAD原图

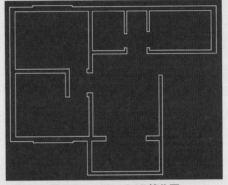

图13-8 AutoCAD简化图

01 在AutoCAD命令栏里输入"PU"，按Enter键结束操作，对简化后的图纸进行进一步清理，如图13-9所示。

图13-9 【清理】对话框

02 单击 全部清理(A) 按钮，弹出如图13-10所示的【清理】对话框，选择"清除所有项目"选项，直到"全部清理"按钮变成灰色状态，即清理完图纸，如图13-11所示。

图13-10　选择清理选项

图13-11　清理完成

03 在SketchUp里先优化一下场景，执行【窗口】|【模型信息】命令，弹出【模型信息】对话框，参数设置如图13-12所示。

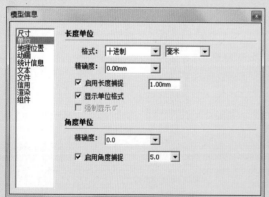

图13-12　设置单位

2.导入图纸

将AutoCAD图纸导入到SketchUp中，并以线条显示。

01 执行【文件】|【导入】命令，弹出【打开】对话框，将文件类型设置为"AutoCAD文件（*.dwg）"格式，选择"室内设计平面图2"选项，如图13-13所示。

图13-13　导入图纸

02 单击 选项(P)... 按钮，将单位改为"毫米"，单击 确定 按钮，最后单击 打开(O) 按钮，即可导入AutoCAD图纸，如图13-14所示。

图13-14　设置导入选项

03 如图13-15所示为导入结果。

图13-15　查看导入结果

04 单击 关闭 按钮，导入到SketchUp中的AutoCAD图纸是以线框显示的，如图13-16所示。

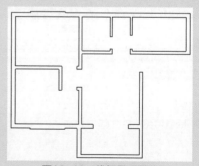

图13-16　线框显示图形

13.1.2 建模流程

参照图纸创建模型，包括创建室内空间、绘制客厅装饰墙、制作阳台，然后再填充材质、导入组件、添加场景页面。

1.创建室内空间

将导入的图纸线条创建封闭面，快速建立空间模型。

01 单击【直线】按钮 ✎，将断掉的线条进行连接，使其形成一个封闭面，无须完全按照图形进行面的绘制，结果如图13-17和图13-18所示。

图13-17　绘制直线

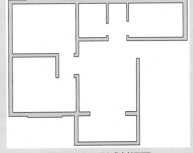

图13-18　形成封闭面

02 单击【推/拉】按钮 ◈，向上推拉3200mm，形成一个室内空间，如图13-19所示。

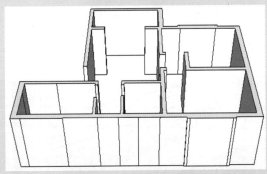

图13-19　推拉创建墙体

03 单击【擦除】按钮 ✐，将多余的线条删除，如图13-20所示。

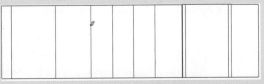

图13-20　删除多余线条

04 单击【矩形】按钮 ▣，将室内地面进行封闭，如图13-21和图13-22所示。

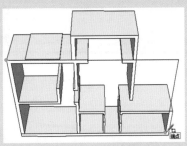

图13-21　绘制地板线条

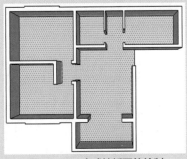

图13-22　完成地板面的绘制

2.绘制装饰墙

在客厅背景墙处绘制一个简单的装饰墙，使室内客厅画面更加丰富多彩。

01 单击【矩形】按钮 ▣，在墙面绘制一个矩形，矩形的大小根据所在墙体的大小来定，这里没有给出实际尺寸，其实就是为了让大家可以根据自己的尺寸来绘制，如图13-23和图13-24所示。

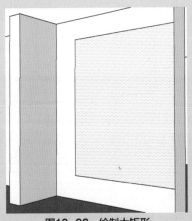

图13-23　绘制大矩形

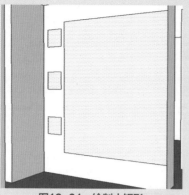

图13-24　绘制小矩形

02 单击【推／拉】按钮 ，将矩形面分别向里推50mm、100mm，如图13-25所示。

图13-25　反向推拉矩形面

03 单击【直线】按钮 ，绘制出如图13-26所示的面。

图13-26　绘制封闭面

04 单击【偏移】按钮 ，向里偏移复制面，如图13-27所示。

05 单击【推／拉】按钮 ，分别向里和向外推拉效果，如图13-28所示。

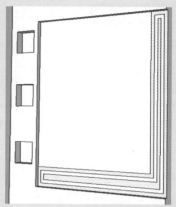

图13-27　偏移复制面

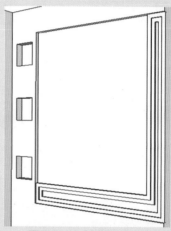

图13-28　创建推拉效果

06 单击【直线】按钮 ，分割一个面，如图13-29所示。

图13-29　绘制直线分割一个面

07 单击【推／拉】按钮 ，向外推拉500mm，如图13-30所示。

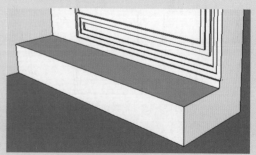

图13-30　创建推拉效果

08 单击【直线】按钮✎，沿中心点绘制面，如图13-31和图13-32所示。

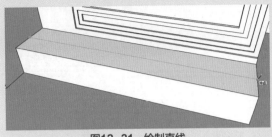

图13-31　绘制直线

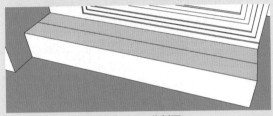

图13-32　分割面

09 单击【推／拉】按钮◆，向下推拉一定距离，如图13-33所示。

图13-33　推拉分割的面

10 单击【矩形】按钮▣，绘制三个矩形面，如图13-34所示。

图13-34　绘制三个矩形面

11 单击【圆形】按钮●，在矩形面上绘制几个圆形，如图13-35所示。

图13-35　绘制几个圆形

12 单击【推／拉】按钮◆，分别将矩形面和圆面向外进行推拉，形成一个抽屉效果，如图13-36所示。

13 装饰墙效果如图13-37所示。

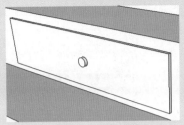

图13-36　推拉出抽屉

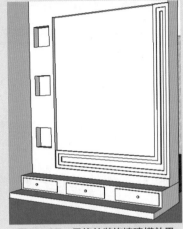

图13-37　最终的装饰墙建模效果

3.绘制阳台

单独推拉出阳台效果，并利用建筑插件快速创建阳台栏杆。

01 单击【直线】按钮✎，绘制直线分割面，如图13-38所示。

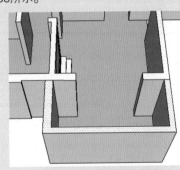

图13-38　绘制直线分割面

02 单击【推／拉】按钮◆，向下推拉一定距离，如图13-39所示。

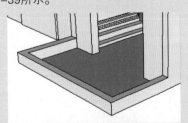

图13-39　向下推拉

⑬ 开启SUAPP 3.4插件面板，如图13-40所示。选中阳台的一条边线，如图13-41所示。

图13-40 启动建筑插件

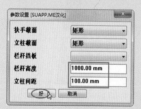

图13-41 选择模型边

⑭ 在【建筑设施】插件组中单击【线转栏杆】按钮▦，设置【参数设置】对话框中的参数，创建阳台栏杆，如图13-42和图13-43所示。

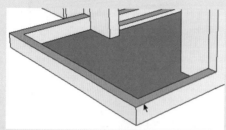

图13-42 设置栏杆参数

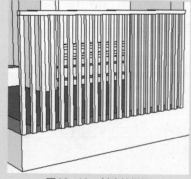

图13-43 创建的栏杆

⑮ 依次选中其他边线，创建阳台栏杆，如图13-44所示。

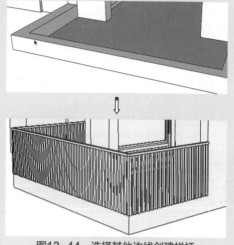

图13-44 选择其他边线创建栏杆

4. 填充材质

根据不同的场景填充适合的材质，如客厅采用地砖材质，墙面采用壁纸材质，厨房和卫生间采用一般的地拼砖材质，卧室采用木地板材质。

⑬ 为了方便对每个房间材质填充，单击【直线】按钮✐，按房间区域分割地面，如图13-45所示。

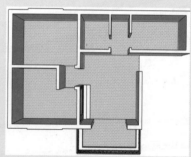

图13-45 分割房间地面

⑭ 在【材质】卷展栏中选择地砖材质（SketchUp "地拼砖" 类型中的Floor Tile（23））填充客厅，可适当在【编辑】标签下调整材质尺寸，如图13-46和图13-47所示。

图13-46 选择材质

中文版SketchUp 2022完全实战技术手册

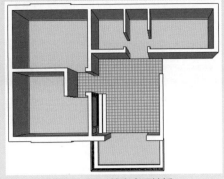

图13-47 填充客厅地板

03 为阳台填充适合的材质，如图13-48和图13-49所示。

图13-48 选择材质

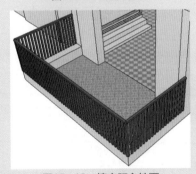

图13-49 填充阳台地面

04 为卫生间、厨房填充适合的材质，如图13-50和图13-51所示。

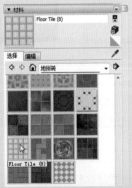

图13-50 选择地拼砖材质

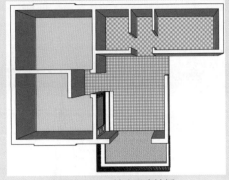

图13-51 填充厨房地板

05 为卧室填充木地板材质，如图13-52和图13-53所示。

图13-52 选择木板材质

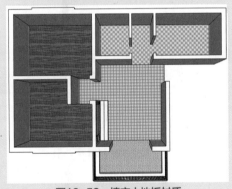

图13-53 填充木地板材质

06 为客厅装饰墙填充适合的材质，如图13-54所示。

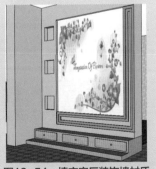

图13-54 填充客厅装饰墙材质

07 依次填充室内其他房间的材质，效果如图13-55所示。

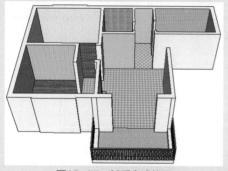

图13-55 材质完成效果

5. 导入组件

导入室内组件，让室内空间的内容更丰富，这部分是建模中很重要的部分。

01 在桌面上单独启动SketchUp 软件。将本例源文件中的"电视"组件模型打开，如图13-56所示。

02 在新的软件窗口中使用Ctrl+C组合键复制电视与音箱模型，然后切换到本例室内模型的软件窗口中进行粘贴，将粘贴的电视和音箱组件进行摆设，如图13-57所示。

03 同理，新软件窗口中打开"装饰品"组件模型，然后复制并粘贴到室内模型的软件窗口中进行摆设，如图13-58和图13-59所示。

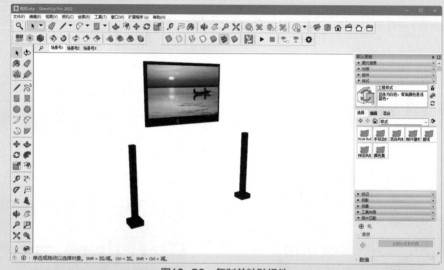

图13-56 复制并粘贴组件

图13-57 单独启动软件并打开组件

图13-59 复制并粘贴其他装饰品组件

04 复制并粘贴沙发和茶几组件，将其摆放在客厅，如图13-60所示。

05 复制并粘贴餐桌组件，如图13-61所示。

06 给阳台添加推拉玻璃门，并将上方的墙封闭，如图13-62所示。

07 复制并粘贴窗帘组件，如图13-63所示。

图13-58 复制并粘贴装饰品组件

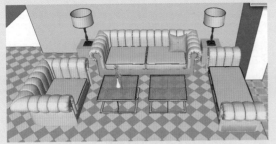

图13-60 复制并粘贴沙发和茶几组件

图13-61 复制并粘贴餐桌组件

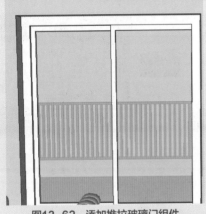

图13-62 添加推拉玻璃门组件

图13-63 复制并粘贴窗帘组件

08 复制并粘贴装饰画组件，如图13-64和图13-65所示。

图13-64 复制并粘贴装饰画组件1

图13-65 复制并粘贴装饰画组件2

09 单击【矩形】按钮▪，对室内空间封闭顶面，如图13-66和图13-67所示。

图13-66 绘制矩形

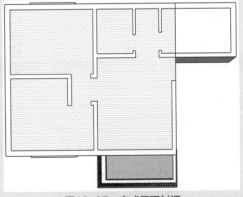

图13-67 完成屋顶封闭

⑩ 最后为客厅和餐厅复制并粘贴吊灯和射灯组件，如图13-68和图13-69所示。

图13-68 复制并粘贴吊灯组件

图13-69 复制并粘贴射灯组件

13.1.3 添加场景

这里为客厅和餐厅创建三个室内场景，方便浏览室内空间。

① 执行【相机】|【两点透视】命令，设置两点透视效果，调整完成视图角度和相机位置，如图13-70所示。

图13-70 调整视图

② 在【场景】面板中单击【添加场景】按钮⊕，创建场景号1，如图13-71所示。

图13-71 创建场景号1

③ 单击【添加场景】按钮⊕，创建场景号2，如图13-72和图13-73所示。

图13-72 调整视图

图13-73 创建场景号2

④ 单击【添加场景】按钮⊕，创建场景号3，如图13-74和图13-75所示。

图13-74 调整视图

图13-75 创建场景号3

13.2 别墅建筑设计案例

源文件：\Ch13\现代别墅\现代别墅平面图-原图
结果文件：\Ch13\现代别墅\现代别墅设计.skp
视频：\Ch13\现代别墅设计方案.wmv

本章以建立一个现代别墅住宅为例进行介绍。整个别墅包括4个面和一个屋顶，别墅以栏杆作为外围上，地面以混泥砖铺路，室外配有休闲椅和喷水池。另外，后期制作中将添加不同植物，让整个环境看上去非常惬意，让住户在繁忙的工作之余享受这美景。如图13-76所示为场地布局效果图，如图13-77所示为别墅建筑建模效果图。操作流程如下。

（1）整理AutoCAD图纸。

（2）在SketchUp中导入AutoCAD图纸。

（3）调整图纸。

（4）创建立面模型。

（5）创建屋顶。

（6）填充材质。

（7）导入组件。

（8）添加场景组件。

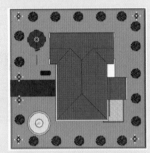

图13-76 别墅场地布局

图13-77 别墅建模效果

13.2.1 整理AutoCAD图纸

AutoCAD设计图纸里含有大量的文字、图层、线、图块等信息，如果直接导入到SketchUp中，会增加建模的复杂性，所以一般先在AutoCAD软件里进行处理，将多余的线删除，使设计图纸简单化。如图13-78所示为原图，如图13-79所示为简化图。

1. 在AutoCAD中整理图纸

01 启动AutoCAD 2018软件。打开"现代别墅平面图-原图.dwg"图纸文件。

02 在命令行中输入"PU"，按Enter键确认，对简化后的图纸进行进一步清理，如图13-80所示。

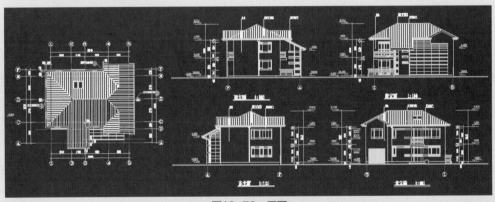

图13-78 原图

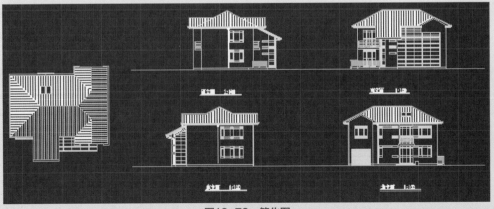

图13-79 简化图

图13-80 清理图纸

03 执行【窗口】|【模型信息】命令，弹出【模型信息】对话框，设置模型单位，如图13-81所示。

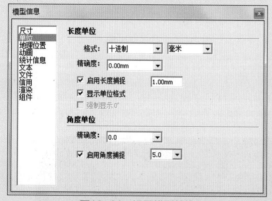

图13-81 设置模型单位

2.导入图纸

这里先导入图纸东南西北4个立面图纸，并创建封闭面。

01 执行【文件】|【导入】命令，弹出【打开】对话框，导入AutoCAD图纸。

02 单击【选项】按钮，设置单位为"毫米"，单击【确定】按钮，最后单击【打开】按钮，即可导入CAD图纸，如图13-82和图13-83所示。

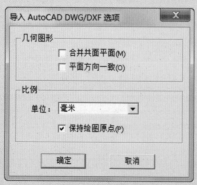

图13-82 设置导入选项

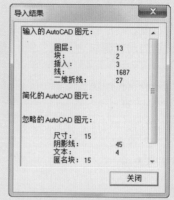

图13-83 导入结果

03 导入到SketchUp中的CAD图纸是以线框显示的，如图13-84所示。

图13-84 显示CAD线框

04 右击导入的CAD线框，然后执行【炸开模型】命令，将CAD线框全部炸开，如图13-85所示。

图13-85 炸开CAD线框

05 然后再将多余的线删除，如图13-86所示。重新将各个立面图分别创建成组件或群组，以便于绘制封面曲线。

图13-86 删除多余线的效果

06 单击【直线】按钮 ✎ ，沿着CAD图纸中多个立面图的外形轮廓线绘制封闭曲线生成面（注意，阳台轮廓不用绘制），如图13-87所示。

西立面

南立面

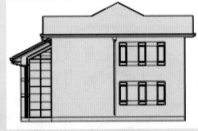

东立面

北立面

图13-87　在各个立面图中绘制封闭曲线生成面

⑦ 将各个立面图组件与其所属的封闭面分别创建成群组，便于后期的建模操作。

3. 调整图纸

利用旋转工具调整4个立面图群组的角度，使其能围合起来，可以利用视图工具来查看调整的方位是否对齐。

① 在【图层】面板中单击【添加图层】按钮⊕创建5个图层，并重新命名图层，如图13-88所示。

图13-88　创建5个图层

② 框选选中一个立面图群组，右击并执行【模型信息】命令，在【模型信息】面板中选择相应的图层，如图13-89所示。同理，将其余4个视图群组也添加到各自图层中。最后将原有的CAD图层全部删除。

图13-89　将图形信息转移到新图层中

◎提示·◦

创建图层，主要是为了方便划分5个图层，进行显示或者隐藏的操作，而各个图层之间不受影响。

③ 单击【视图】工具栏中的【俯视图】按钮◉，切换到俯视图。首先将4个立面图群组采用移动、旋转等操作移动到坐标轴的四周，如图13-90所示。

④ 选中东立面群组，并切换到右视图，单击【旋转】按钮↻，将东立面群组以红色轴为参照，旋转90°，如图13-91所示。同理，对其他立面群组也进行相同的旋转操作。

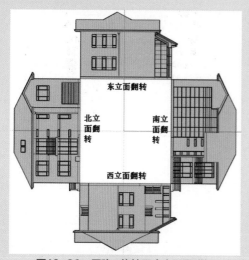

图13-90 平移、旋转四个立面图群组

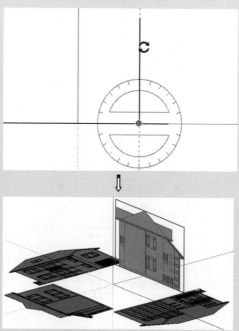

图13-91 旋转东立面群组

⑤ 同理，将其余三个立面图群组也进行旋转操作，最后再调整4个立面的位置，效果如图13-92所示。

图13-92 旋转其余立面图群组并进行位置调整

◎技巧··◎

在调整各立面的位置时，应按轴的方向进行旋转，并且可以利用不同的视图角度观看，保证图纸对齐。图纸对齐才能确保建立的模型准确。

06 单击【矩形】按钮，在建筑底面绘制封闭曲线生成面，如图13-93所示。

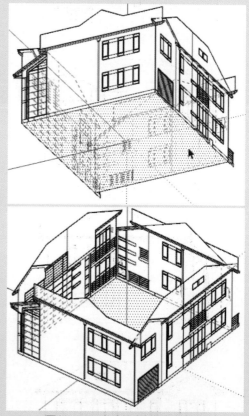

图13-93 在建筑底部绘制封闭面

07 接着，参照西立面图，分别将北立面群组和南立面群组移动到西立面图群组中的墙边线内200mm的位置，如图13-94所示。

图13-94 平移北立面图群组和南立面图群组

13.2.2 房屋建模设计流程

1.创建立面模型

操作4个立面，然后依次创建出楼梯、窗户、门和栏杆等组件，并填充相应的材质。

（1）创建北立面。

⓪① 双击北立面群组使其进入编辑状态。首先利用【矩形】工具▦绘制出门与窗的边框，以此切割出门窗洞，如图13-95所示。

图13-95　绘制门窗洞

⓪② 按Ctrl键选中封闭面和立面图中的某一条线（会自动选择整个立面图中的所有线），再右击并执行【交错平面】|【模型交错】命令，将前面绘制的立面图外形轮廓封闭面进行拆分（按立面图中的线条进行拆分），效果如图13-96所示。

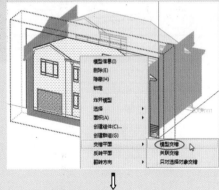

图13-96　拆分立面图群组中的封闭面

⓪③ 单击【推/拉】按钮◆，选取右侧除门、窗的墙面，向外拉出200mm生成北立面的墙体，如图13-97所示。

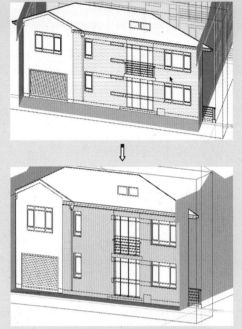

图13-97　拉出右侧墙面

⓪④ 将立面图群组炸开。利用【移动】工具◆，将立面图和左侧的墙面向外平移1225mm，如图13-98所示。

图13-98　平移左侧墙面和立面图

⓪⑤ 利用【矩形】工具▦在左侧墙面绘制门、窗矩形洞，如图13-99所示。

⓪⑥ 利用【推/拉】工具◆，将左侧墙面向外拉出200mm的墙体（暂时填充颜色给墙体面，便于观察），如图13-100所示。

⓪⑦ 利用【矩形】工具▦，绘制矩形面，用来修补左侧墙面与右墙面之间形成的空洞。然后将其推拉出墙体，如图13-101所示。

235

第13章　建筑设计综合案例

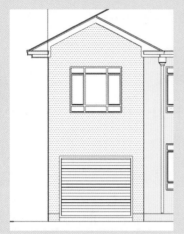

图13-99 绘制矩形门窗洞

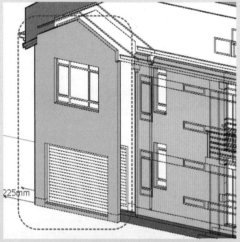

225mm

图13-100 拉出左侧墙体

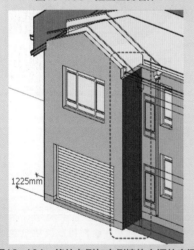

1225mm

图13-101 修补左侧与右侧墙体之间的空洞

08 在左侧墙体中，利用【推/拉】工具 选择窗框面，拉出长度为100mm的窗框，如图13-102所示。再拉出窗户玻璃厚度为20mm，如图13-103所示。

◎提示·•○

如果有些面没有被立面图中的线条完全拆分，可以选中这些面继续执行右键菜单中的【交错平面】|【模型交错】命令，直至完全拆分即可。

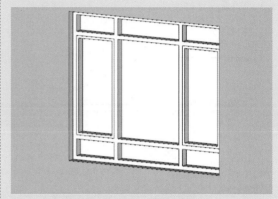

图13-102 推拉出窗框

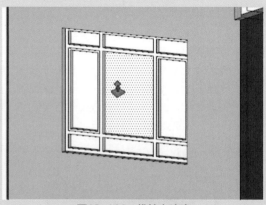

图13-103 推拉出玻璃

09 在【材质】卷展栏中选择【Sketch UP材质】材质库选项，再在【玻璃】材质文件夹中选择Galss（117）材质应用给玻璃对象，如图13-104所示。

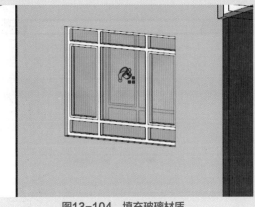

图13-104 填充玻璃材质

⑩ 在菜单栏执行【文件】|【3D Warehouse】|【获取模型】命令，从3D Warehouse模型库中搜索并下载"卷帘门.skp"组件，将其放置于左侧墙体中，如图13-105所示。

图13-105 下载卷帘门组件

⑪ 单击【缩放】按钮█，将卷帘门组件缩小到与北立面图中的卷帘门相等，如图13-106所示。删除复制的北立面图。

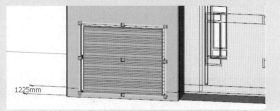

图13-106 缩放卷帘门组件

⑫ 接下来继续操作右侧墙体中的门窗及阳台等组件。将左侧墙体中的窗框及玻璃创建成群组。利用【移动】工具◈，按住Ctrl键将窗组件平移复制到右侧墙体中相同窗规格的窗洞中，如图13-107所示。

图13-107 平移复制窗组件

⑬ 同理，在右侧墙体中创建出两个小窗户，如图13-108所示。

图13-108 创建小窗户

⑭ 选取拆分出来的台阶面，先后拉出一、二层台阶，一、二层台阶的推拉长度分别为700mm、350mm，如图13-109所示。

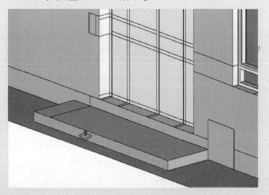

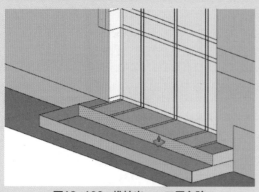

图13-109　推拉出一、二层台阶

⑮ 创建大门和阳台门。删除一楼大门和二楼阳台门的面。从3D Warehouse模型库中搜索并下载"门"组件，将其放置于一楼大门位置，并利用【缩放】工具 📦 缩放到合适大小，如图13-110所示。

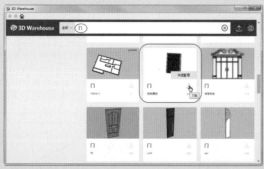

图13-110　插入大门组件

⑯ 同理，从3D Warehouse模型库中将另一"门"组件（推拉门），将其放置于阳台门位置，并利用【缩放】工具 📦 缩放到合适大小，如图13-111所示。

⑰ 单击【推/拉】按钮 ♨ ，推拉出阳台（1053mm），如图13-112所示。

⑱ 将墙体及阳台、台阶上的多余线条删除，消除曲面分割。栏杆的创建可以使用坯子插件库的"栏杆和楼梯-汉化-1.0"插件。此插件安装后会弹出【栏杆&楼梯】工具栏。

图13-111　插入阳台推拉门组件

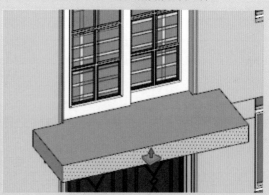

图13-112　拉出阳台

注意：可到坯子库http://www.piziku.com/官网中免费下载插件管理器，安装成功后启动SketchUp，然后在插件管理器中搜索插件，即可安装到SketchUp中。

⑲ 利用【直线】工具 ✏ 在阳台上绘制如图13-113所示的三条直线。三条直线将会作为栏杆路径。

⑳ 选中三条直线，再单击【栏杆&楼梯】工具栏中的【竖档栏杆3】按钮 🔲 ，在弹出的【输入】对话框中输入高度值"900"，单击【好】按钮，自动创建栏杆，如图13-114所示。

㉑ 单击【推/拉】按钮 ♨ ，拉出排水管道（拉出长度300mm）和人字形屋顶、屋檐（拉出长度东立面图），如图13-115所示。

中文版SketchUp 2022完全实战技术手册

图13-113 绘制直线

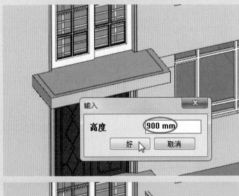

图13-114 创建阳台栏杆

图13-115 推拉出排水管和人字形屋顶

㉒ 在西立面图中绘制几个矩形作为屋檐轮廓，然后单击【推/拉】按钮♨，接着推拉出右侧墙体顶部的屋檐，如图13-116所示。

图13-116 推拉出右侧墙体顶的屋檐

㉓ 至此，创建完成的北立面效果如图13-117所示。

图13-117 北立面效果

（2）创建西立面墙体及窗。

① 西立面的墙体及窗组件并不多，可以删除原有的外形轮廓封闭面。再利用【矩形】工具▨重新绘制墙体轮廓，如图13-118所示。

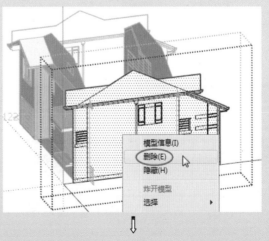

图13-118　重新绘制西立面中的墙面

② 按Ctrl键选中重新绘制的轮廓面和西立面图，右击并执行【交错平面】|【模型交错】命令，将窗、排水管道从轮廓面中拆分出来，如图13-119所示。

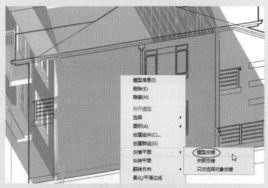

图13-119　拆分轮廓面

③ 将西立面群组整体向东立面方向平移200mm，如图13-120所示。

图13-120　平移西立面群组

④ 双击西立面群组使其进入编辑状态，然后利用【推/拉】工具 ，向外拉出200mm长度的墙体，如图13-121所示。

⑤ 同理，与北立面群组中的排水管道、窗框及玻璃一样，拉出排水管道、窗框及玻璃，并添加相同的玻璃材质给玻璃，如图13-122所示。

图13-121　拉出墙体

图13-122　拉出排水管及窗户

（3）创建南立面。

南立面的中间有凸出的建筑，需要使用到西立面图。南立面的墙体建模稍微有些复杂，因层次结构不同，需要分5步完成建模：创建右侧主墙、创建左侧主墙、创建门窗、创建中间凸出建筑、创建阳台及栏杆。

① 创建右侧主墙。平移复制南立面群组到距离右侧墙面位置（参考东立面图）200mm处，如图13-123所示。

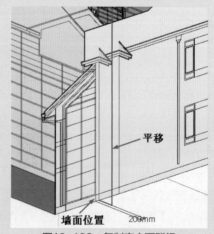

图13-123　复制南立面群组

⓿ 利用【推/拉】工具📌，将北立面群组中的人字形屋顶及屋檐推拉到南立面中，如图13-124所示。

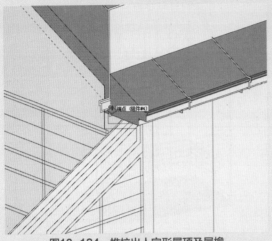

图13-124 推拉出人字形屋顶及屋檐

⓿ 补齐人字形屋顶的屋檐，由于此处操作步骤较多，建议参考本例视频来建模，补齐的屋檐效果如图13-125所示。

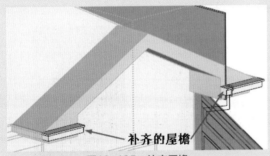

图13-125 补齐屋檐

注意：人字形屋檐的右侧可参考东立面图来创建，至于人字形屋檐的左侧部分修补，复制右侧屋檐的截面到左侧，再进行拖拉即可。

⓿ 右侧墙体并不多，可以重新绘制墙面（在激活南立面群组的情况下），如图13-126所示。

图13-126 重新绘制墙面

⓿ 利用【推/拉】工具📌，拉出长度为200mm的墙体，如图13-127所示。

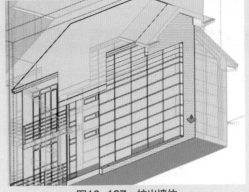

图13-127 拉出墙体

⓿ 右侧墙体中的玻璃幕墙也是需要重新绘制封闭面，在不激活南立面图群组的情况下绘制的封闭面如图13-128所示。

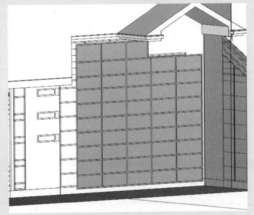

图13-128 重新绘制幕墙的封闭面

⓿ 利用【推/拉】工具📌，先拉出100mm的幕墙窗框，然后选择框架内的面拉出20mm，再填充玻璃材质，如图13-129所示。

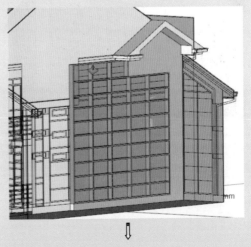

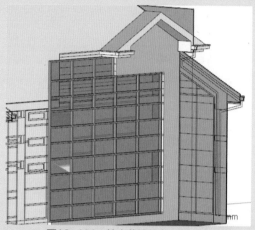

图13-129　拉出幕墙的窗口和玻璃

⑧ 将右侧墙体所包含的南立面群组（是复制的这个群组）炸开，然后删除南立面图，仅保留墙体和幕墙即可，如图13-130所示。

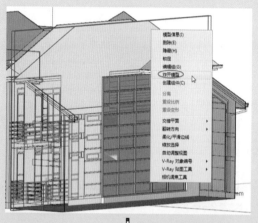

图13-130　删除南立面图

注意：如果删除多余的线和面有难度，可以将南立面群组平移到新位置并炸开，仅复制出右侧墙面，其余全部删除。然后将复制的墙面平移到原位置，再利用【推/拉】工具拉出墙体。具体操作可以参考本例视频。

⑨ 创建中间凸出的墙体与窗。参考南立面图，将西立面群组复制到新位置，如图13-131所示。

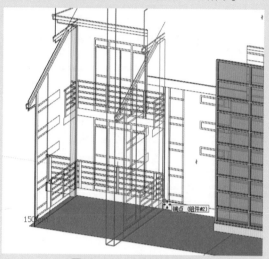

图13-131　复制西立面图

⑩ 暂时隐藏东立面群组和西立面群组，然后在辅助的东立面群组中（不激活群组编辑状态的情况下）绘制凸出墙体及斜屋顶、屋檐的封闭轮廓面，如图13-132所示。

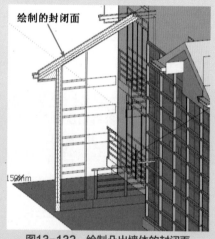

绘制的封闭面

图13-132　绘制凸出墙体的封闭面

⑪ 绘制侧面墙的封闭面，如图13-133所示。利用【推/拉】工具，拉出200mm的侧面墙，如图13-134所示。

⑫ 利用【推/拉】工具，参考南立面图，拉出其墙体、屋顶及屋檐等，如图13-135所示。

⑬ 在拉出的墙体横截面上绘制直线，将封闭面分割，以此可以拉出屋顶及屋檐，如图13-136所示。同理，在另一侧的横截面上也绘制直线进行面分割。

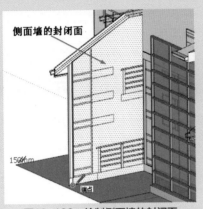

图13-133 绘制侧面墙的封闭面

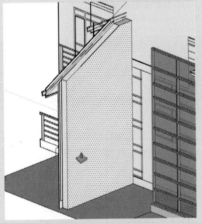

图13-134 拉出侧面墙

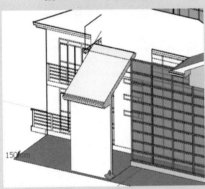

图13-135 拉出凸出墙体与斜屋顶

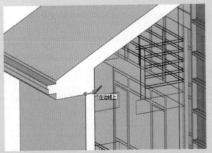

图13-136 绘制直线分割封闭面

⑭ 利用【推/拉】工具🥄，在墙体两侧分别拉出斜屋顶与屋檐，如图13-137所示。删除复制的西立面群组对象。

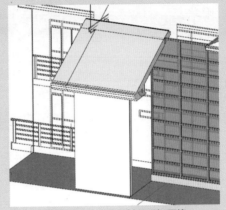

图13-137 拉出斜屋顶与屋檐

⑮ 在西立面群组的外墙面上绘制矩形，作为一楼阳台及凸出建筑的地板横截面，如图13-138所示。

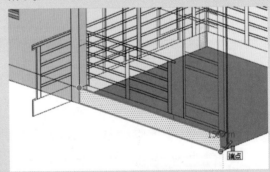

图13-138 绘制地板横截面

⑯ 利用【推/拉】工具🥄，选取地板横截面往东立面方向拉出地板，拉至与幕墙地板相接，如图13-139所示。

图13-139 拉出地板

⑰ 凸出建筑的另一侧（东侧）墙体不是一般墙体，是幕墙。做法与南立面的幕墙做法是完全一致的，做出的幕墙效果如图13-140所示。

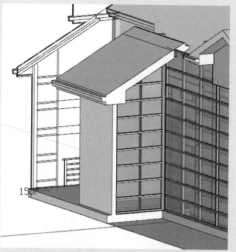

图13-140 创建侧面幕墙

⑱ 同理，在凸出建筑的南立面，也创建出幕墙，如图13-141所示。参考南立面图，利用【推/拉】工具 ⬆ 补齐右侧幕墙上的屋檐，如图13-142所示。

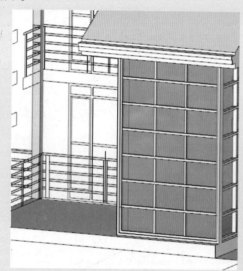

图13-141 拉出地板

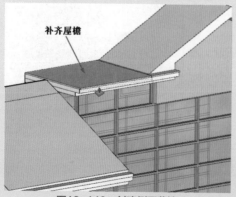

补齐屋檐

图13-142 创建侧面幕墙

⑲ 参考西立面图绘制封闭面，接着补齐左侧阳台门顶部的屋檐，如图13-143所示。

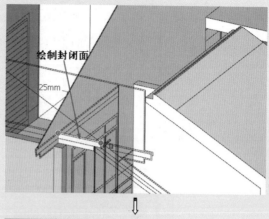

绘制封闭面

25mm

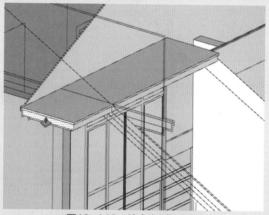

图13-143 补齐左侧的屋檐

⑳ 接着可以把西立面群组中的屋檐部分给补齐，方法与上步骤相同，效果如图13-144所示。

补齐西立面的屋檐

图13-144 补齐西立面的屋檐

㉑ 利用【推/拉】工具 ⬆ 将一楼阳台（一楼阳台也称"露台"）地板向西立面方向拉出，拉出工程中须参考南立面图，如图13-145所示。

㉒ 绘制二楼阳台截面，然后利用【推/拉】工具 ⬆ 拉出二楼阳台，如图13-146所示。

中文版SketchUp 2022完全实战技术手册

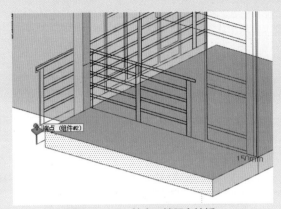

图13-145 拉出一楼阳台地板

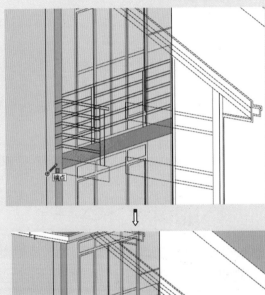

图13-146 创建二楼阳台

㉓ 创建南立面左侧的墙体。首先绘制封闭面（留出门洞），然后拉出200mm的墙体，如图13-147所示。

㉔ 将北立面群组中的二楼阳台门复制到南立面群组中，然后通过【缩放】工具调整门的大小。完成效果如图13-148所示。

㉕ 一、二楼的阳台栏杆创建与北立面的阳台栏杆创建方法完全相同，先绘制栏杆路径直线（距离阳台边100mm），如图13-149所示。

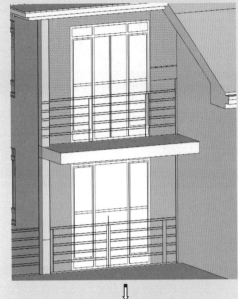

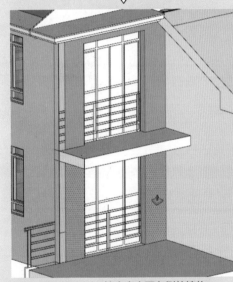

图13-147 拉出南立面左侧的墙体

图13-148 复制并放置阳台门

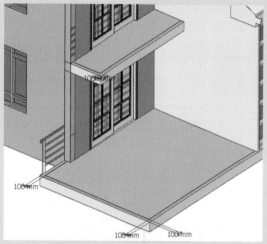

图13-149 绘制栏杆路径直线

㉖ 选取两层中的栏杆路径直线，利用坯子插件库中的【栏杆和楼梯-汉化-1.0】插件，创建高900mm的栏杆，如图13-150所示。

图13-150 创建栏杆

（4）创建东立面。

① 将东立面群组向西立面群组方向平移200mm。

② 双击东立面群组进入编辑状态。按Ctrl键选取封闭面和东立面图，然后右击并执行【交错平面】|【模型交错】命令，将封闭面进行拆分，如图13-151所示。

③ 然后利用【推/拉】工具🔧，先拉出200mm的墙体，接着拉出300mm的排水管道，如图13-152所示。

图13-151 拆分封闭面

图13-152 拉出墙体和排水管道

④ 最后拉出窗框和玻璃，并将玻璃材质添加给玻璃对象，最终效果如图13-153所示。

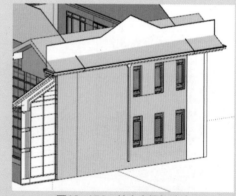

图13-153 拉出窗框与玻璃

⑤ 最后将4个立面图群组中的立面图和多余的面、线等隐藏，仅保留创建的墙体、门窗、阳台及栏杆等元素，如图13-154所示。

图13-154 隐藏立面图与多余面、线条的效果

2. 创建屋顶

对屋顶平面单独建模，推拉高度可以参照图纸，也可根据需要自行设置。

01 切换到俯视图。单击【矩形】按钮 ▦，在屋顶平面图群组中绘制封闭面，如图13-155所示。

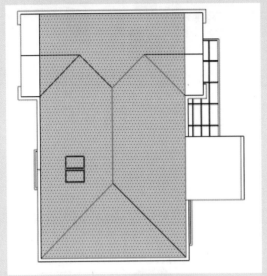

图13-155　绘制封闭曲线形成面

02 选中绘制的封闭面，然后打开坯子插件库。在插件列表下找到"1001建筑工具集"建筑插件，在此插件中单击【自动创建坡度屋顶】按钮 ⬡，弹出创建坡屋顶的选项设置页面，输入坡屋顶参数（屋面斜度为27.75）后单击【创建坡屋顶】按钮，如图13-156所示。

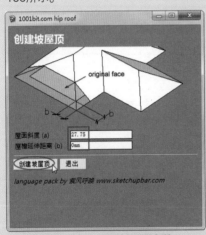

图13-156　设置坡屋顶参数

03 切换到俯视图，将创建的坡屋顶平移到屋檐的相同位置的顶点上，如图13-157所示。

04 由于坡度屋顶与人字形屋顶的斜面有少许误差，可以重新绘制封闭面。将坡度屋顶（自动生成的组件）炸开，如图13-158所示。

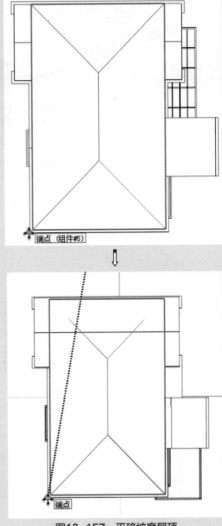

图13-157　平移坡度屋顶

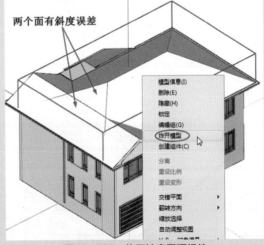

图13-158　炸开坡度屋顶组件

05 炸开后删除有误差的面，如图13-159所示。

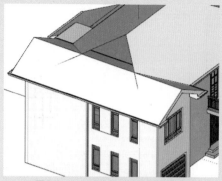

图13-159　删除有斜度误差的面

06 利用【直线】工具✏重新绘制封闭面，如图13-160所示。

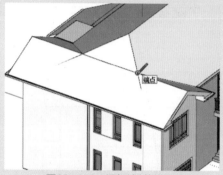

图13-160　重新绘制封闭面

07 隐藏形成交叉的线，如图13-161所示。

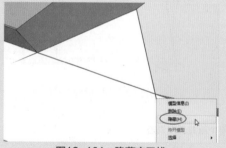

图13-161　隐藏交叉线

08 坡度屋顶修复的效果如图13-162所示。最终完成的别墅模型如图13-163所示。

图13-162　坡度屋顶修复效果

图13-163　最终的别墅模型效果

13.2.3　填充建筑材质

对建好的别墅模型填充相应的材质，并为别墅绘制一个地面，填充砖铺地。

1.填充建筑物材质

01 在【材质】卷展栏中，首先为坡度屋顶填充系统材质库中的【屋顶】|【西班牙式屋顶】材质，如图13-164所示。

图13-164　填充坡度屋顶的材质

02 填充墙面为系统材质库中的【瓦片】|【正方形玻璃瓦03】材质（实为"马赛克"材质），如图13-165所示。

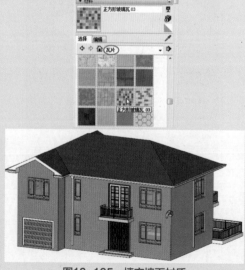

图13-165　填充墙面材质

03 填充阳台地板、台阶的材质为系统材质库中的【石头】|【大理石carrera】材质，如图13-166所示。

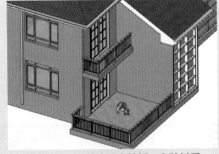

图13-166　填充阳台地板、台阶材质

04 为窗户及卷帘门填充系统材质库中的【金属】|【铝】材质，如图13-167所示。

图13-167　填充墙面效果

05 为3个阳台门填充【木质纹】|【饰面木板01】材质，如图13-168所示。

图13-168　填充门材质

2. 别墅场地设计与材质填充

01 切换到俯视图。绘制一个大的矩形地面，如

图13-169所示。

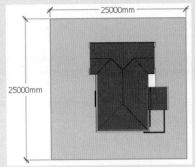

图13-169　绘制地面

02 单击【矩形】按钮 ▦ ，在大门位置绘制路面，如图13-170所示。

图13-170　绘制路面

03 单击【偏移】按钮 ⌫ ，将地面向内偏移300mm，如图13-171所示。利用【推/拉】工具 ⬧ ，将偏移的面拉出一定高度（高度为1200mm），形成院落围墙，如图13-172所示。

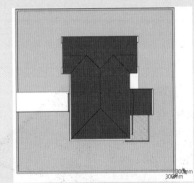

图13-171　偏移复制面

图13-172　拉出围墙

04 在围墙上选取墙边线来创建偏移为150mm的墙中心线，如图13-173所示。

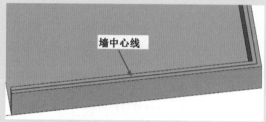

图13-173　偏移出墙中心线

05 选取墙中心线，然后在坯子插件库中【栏杆和楼梯-汉化-1.0】插件列表中单击【栅格栏杆】按钮，输入高度值1000，单击【好】按钮自动创建围墙栏杆，如图13-174所示。

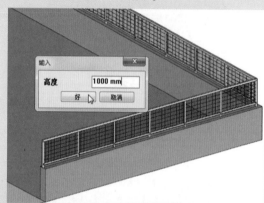

图13-174　创建围墙栏杆

06 给围墙填充【材质】卷展栏中的【砖、覆层和壁板】|【料石板】材质。给大门的路面填充【沥青和混凝土】|【新柏油路】材质。给围墙内的场地填充【园林绿化、地被层和植被】|【草被1】材质。效果如图13-175所示。

图13-175　填充围墙、场地和路面

07 在【组件】面板中单击【详细信息】按钮，然后执行【打开或创建本地集合】命令，选择本例源文件夹中的【组件1】文件夹，将该文件夹中的所有组件导入【组件】面板中，如图13-176所示。

图13-176　导入组件

08 选择"门组件"组件，将其放置到围墙中，然后通过平移、旋转及缩放等操作，完成门组件的放置，如图13-177所示。

图13-177　放置门组件

09 依次将休闲椅、灯柱、秋千、喷水池、人物、植物等组件放置到场地中，最终完成建模的别墅效果如图13-178所示。

图13-178　最终完成的别墅效果

中文版SketchUp 2022完全实战技术手册